Günter Deweß

Lothar Ehrenberg

Helga Hartwig

Walter Jahn

Sabine Pickenhain

Heinz Voigt

Heureka heute

Kostproben praxiswirksamer

Mathematik

In der populärwissenschaftlichen Sammlung

Einblicke in die Wissenschaft

mit den Schwerpunkten Mathematik – Naturwissenschaften – Technik werden in allgemeinverständlicher Form

- elementare Fragestellungen zu interessanten Problemen aufgegriffen,
- Themen aus der aktuellen Forschung behandelt,
- historische Zusammenhänge aufgehellt,
- Leben und Werk bedeutender Forscher und Erfinder vorgestellt.

Diese Reihe ermöglicht interessierten Laien einen einfachen Einstieg, bietet aber auch Fachleuten anregende, unterhaltsame und zugleich fundierte Einblicke in die Wissenschaft.

Jeder Band ist in sich abgeschlossen und leicht lesbar.

Günter Deweß/Lothar Ehrenberg/Helga Hartwig
Walter Jahn/Sabine Pickenhain/Heinz Voigt

Heureka heute

Kostproben praxiswirksamer Mathematik

B. G. Teubner Verlagsgesellschaft
Stuttgart · Leipzig

Verlag der Fachvereine Zürich

Autoren der einzelnen Kapitel:

Dr. habil. Günter Deweß: Benzin, Kohlezüge, Druck-
  maschinen, Stahl, Meßgeräte,
Dipl.-Phys. Lothar Ehrenberg: Turbulenz,
Dr. Helga Hartwig: Kühe,
Dr. Walter Jahn: Tagebauböschungen,
Dr. habil. Sabine Pickenhain: Wälzlagerrollen,
Dr. Heinz Voigt: Wohngebäude.

Koordinierung der Computerprogramme: Dr. Wolfgang Beyer,
$T_EX$nische Bearbeitung und Gestaltung des Textes:
Dr. Heinz Voigt.

Fotonachweis:
ADN (Kluge Abb. 42, Schindler Abb. 16),
Deutsche Fotothek (Walther Abb. 1, 33),
Polygraph Leipzig (Abb. 21),
privat (Ehrenberg Abb. 36, Hartwig Abb. 53).

Die Deutsche Bibliothek – CIP-Einheitsaufnahme

Heureka heute:
Kostproben praxiswirksamer Mathematik / Günter Dewess ... -
Stuttgart ; Leipzig : Teubner ; Zürich : Verl. der Fachvereine, 1993
  (Einblicke in die Wissenschaft : Mathematik)

  ISBN 978-3-8154-2071-3   ISBN 978-3-322-93439-0 (eBook)
  DOI 10.1007/978-3-322-93439-0

NE: Dewess, Günter

Umschlaggestaltung: E. Kretschmer, Leipzig

Vorwort

Unbestreitbar ist die Mathematik eine der ältesten Wissenschaften. Aber warum eigentlich?

Hatten unsere fernen Vorfahren nichts Dringenderes zu tun als die Entwicklung von Gedankenakrobatik? Waren nicht erst einmal elementare Lebensbedürfnisse zu befriedigen: Nahrung, Wohnung, Organisation des Zusammenlebens? Gewiß. Aber genau deshalb entstand die Mathematik. Sie war für die Menschen wichtig bereits zu einer Zeit, aus der es keine aufgeschriebene Geschichte gibt.

Aus späteren Jahrtausenden wissen wir dann genauer, daß Feldvermessungen nach dem jährlichen Nilhochwasser die Geometrie voranbrachten, daß die Entwicklung von Geschützen die Berechnung von Bahnkurven nach sich zog und daß die Konstruktion moderner Flugzeuge mit Fortschritten der Strömungslehre verknüpft war. Die Mathematik ist heute eine vollentwickelte Wissenschaft, weil sie in wesentlichen Teilen die Praxis überholt hat, denkmögliche Strukturen untersucht und wissenschaftlichen Vorlauf schafft. Gleichzeitig entwickelt sie sich als Bestandteil der allgemeinen Kultur.

Diese hochabstrahierende und zuweilen verspielt anmutende Mathematik wird nun nicht selten als praxisabgewandt angesehen. Auf die Frage, womit sich die Mehrzahl der Mathematiker gegenwärtig beschäftigt, können selbst Freunde dieser Wissenschaft oft keine befriedigenden Antworten geben. Daß Mathematiker heute an Computern sitzen, wäre eine zu oberflächliche Feststellung, denn der Computer ist zwar ein wesentliches Werkzeug, nicht aber der Inhalt der Arbeit. Außerdem gehört er inzwischen zu sehr vielen Berufen.

Unser Buch veranschaulicht anhand konkreter Beispiele, wie mathematische Erkenntnis heute praktischen Fragen angepaßt und durch deren Einfluß auch weiterentwickelt wird. Es handelt von Themen der Zusammenarbeit zwischen Mathematikern der Universität Leipzig und verschiedenen Praxispartnern, wobei die meisten Autoren selbst die Themenleiter auf Universitätsseite waren. Bei aller Konkretheit stellt dieses Buch aber vor allem typische Arbeitsrichtungen und Methoden praxiswirksamer Mathematik vor. Die betrieblichen Modelle wurden verkleinert und von strukturverdeckenden Details gesäubert, die natürlich auch erhebliche Aufmerksamkeit der Bearbeiter erforderten. Nur als fertiges Werkzeug, damit man ähnliche Beispiele selbst durchrechnen kann, haben wir jeweils am Kapitelende Computerprogramme beigefügt (es wird also hier kein Programmierlehrgang geboten, und wir setzen auch keinen voraus).

Leichtverständliche Alltagsproblemchen und ernsthafte Fragen der Produktionssteuerung haben häufig denselben mathematischen Hintergrund. Durch Ausnutzen solcher Analogien ist es uns möglich, den Leser unterhaltsam bis hin zu solchen mathematischen Prinzipien zu führen, die weder Schulstoff noch Stoff der ersten Kurse eines Mathematikstudiums sind, weil ihre streng–formale Begründung nämlich diesen Stoff voraussetzen würde.

Wir danken Herrn Weiß für viele Hinweise und dem Verlag für den Vorstoß, das Verständnis für Möglichkeiten der Mathematik durch praxisnahes Material zu unterstützen.

Man wird es beim Lesen schon bald erkennen: Es ist dieselbe Mathematik, die Spaß macht, Mühe erfordert und Nutzen bringt.

Leipzig, Mai 1993   Die Autoren

Inhalt

Benzin – Bowle – Goldener Schnitt

Im Tanklager des Chemiebetriebes

In einem Chemiebetrieb riecht es merkwürdig nach allem möglichen, aber bestimmt nicht nach Mathematik. Wir befinden uns im Tanklager mit riesigen, größtenteils in die Erde eingelassenen Metallzylindern (Abb. 1), deren Fassungsvermögen man leicht berechnen könnte: Grundfläche mal Höhe. Dazu braucht man keinen Mathematiker.

Abb. 1

Was wird sich in diesen Tanks befinden? Es handelt sich um den Endabschnitt der Benzinproduktion. In einigen Tanks lagert fertiger Vergaserkraftstoff, in andern lagern benzinähnliche Vorprodukte. Der Betriebsleiter erläutert uns mit einfachen Worten das Produktionsprinzip (Abb. 2): Benzin wird hier aus zwei Vorprodukten hergestellt, „Abstreifer" und „Isomerisat" genannt. Der Abstreifer wird in einer Produktionsstufe „Redestillation" von bestimmten Bestandteilen befreit und dann mit dem Isomerisat gemischt.

Dieses Gemisch muß zur Einstellung des richtigen Dampfdrucks noch „stabilisiert" werden. Bei sehr guter Qualität der Rohstoffe kann ein gewisser Anteil an den Produktionsstufen vorbeigeleitet werden (Ströme x_1, x_2, x_4, y_2 in Abb. 2).

Falls das so erhaltene Benzin dem PKW–Motor noch nicht bekömmlich genug ist, wird als letzte Würze ein kleiner Anteil eines teuren Stoffes hinzugegeben, welcher die Qualität von Flugzeugbenzin hat. Die Klopffestigkeit wird durch die „Oktanzahl" ausgedrückt; bei üblichen Sorten liegt diese zwischen 80 und 100. Wir betrachten nun als Beispiel die Produktion eines Benzins mit geforderter Oktanzahl von mindestens 91.

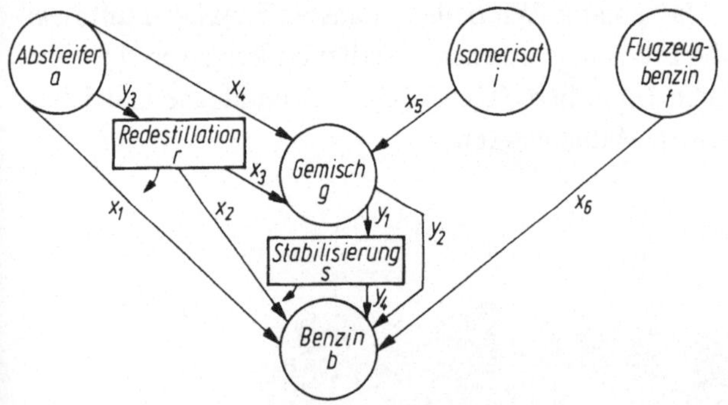

Abb. 2

Wo findet hierbei der Mathematiker seine Aufgabe? Nun, es gibt sehr vielfältige Möglichkeiten, die Benzinproduktion zu steuern. Die Mengen $x_1, \ldots, x_6$ sind in gewissen Grenzen frei wählbar (die Mengen $y_1, \ldots, y_4$ hängen von ihnen ab). Jedoch geht es natürlich nicht nur um Mengen, sondern auch um Eigenschaften. Nennen wir etwa die Oktanzahl in den Tanks (vgl. die Buchstaben in Abb. 2) $e_a, e_i, e_r, e_g, e_f, e_s, e_b$. Dann muß alles so gesteuert werden, daß für die Oktanzahl e_b des Benzins gilt

$$e_b \geq 91. \tag{A}$$

Entsprechende Forderungen gelten auch für mehrere andere chemisch-physikalische Eigenschaften, damit der Motor funktionieren kann und die Umweltbelastung in erträglichen Grenzen bleibt. Ferner können wir nicht mehr Rohstoffe verbrauchen, als vorhanden sind. Wenn wir unsere Vorratsmengen $\bar{a}$, $\bar{\imath}$ nennen, dann muß gelten

$$x_1 + y_3 + x_4 \leq \bar{a}, \tag{B}$$

$$x_5 \leq \bar{\imath}. \tag{C}$$

Unter all diesen Bedingungen gibt es aber immer noch unendlich viele zulässige Produktionsvarianten. Für welche soll man sich letztendlich entscheiden?

Alles, was in den Tanks ist, hat pro Mengeneinheit einen gewissen Preis $p_a, p_i, \ldots, p_b$. Redestillation und Stabilisierung verursachen Kosten (Energieaufwand, Mengenverluste). Daher ist unter allen Varianten jene mit

$$p_b = \text{Minimum!} \tag{D}$$

gesucht. So entsteht ein typisches Optimierungsproblem, das allerhand mathematisches Denken erfordert, bis alles für einen Computer programmiert ist.

Mischen, Umwandeln, Verteilen

Studieren wir zunächst jene Teilprobleme, die bei vielen Produktionsprozessen eine Rolle spielen: zuerst das Mischen. Die Entstehung des Gemischs im Benzinbeispiel wird mengenmäßig durch $x_3 + x_4 + x_5 = y_1 + y_2$ beschrieben – aber wie ergibt sich die Oktanzahl e_g aus den Oktanzahlen e_r, e_a, e_i der Mischungsbestandteile? Nutzen wir unsere Alltagserfahrungen: Ein Liter Wasser mit 20 °C plus ein Liter Wasser mit 40 °C ergeben zwei Liter Wasser mit 30 °C:

$$1 \cdot 20 + 1 \cdot 40 = 2 \cdot 30.$$

Ein Liter Wasser mit 20 °C plus drei Liter Wasser mit 40 °C ergeben vier Liter Wasser mit e °C:

$$1 \cdot 20 + 3 \cdot 40 = 4 \cdot e.$$

Daraus errechnet sich e zu 35, und das liegt näher bei 40 als bei 20, weil vom wärmeren Wasser mehr genommen wurde als vom kälteren.

z_1 Liter mit c_1 Grad plus z_2 Liter mit c_2 Grad ergeben $(z_1 + z_2)$ Liter mit c Grad:

$$z_1 \cdot c_1 + z_2 \cdot c_2 = (z_1 + z_2) \cdot c,$$

$$c = \frac{z_1}{z_1 + z_2} c_1 + \frac{z_2}{z_1 + z_2} c_2.$$

Ein solches Mischungsverhalten nennt man *linear*. Die Maßzahl c des Gemisches ist ein *gewichteter Mittelwert* der gegebenen Maßzahlen c_1, c_2 mit den Gewichten $z_1 : (z_1 + z_2)$, $z_2 : (z_1 + z_2)$, welche dafür sorgen, daß die Eigenschaft des größeren Anteils mehr berücksichtigt wird als die des kleineren. Wir erhalten für e_g

$$x_3 \cdot e_r + x_4 \cdot e_a + x_5 \cdot e_i = (x_3 + x_4 + x_5) \cdot e_g, \qquad \text{(E)}$$

und auch im Tank für das fertige Benzin findet eine Mischung statt,

$$x_1 \cdot e_a + x_2 \cdot e_r + y_4 \cdot e_s + y_2 \cdot e_g + x_6 \cdot e_f = (x_1 + x_2 + y_4 + y_2 + x_6) \cdot e_b. \quad \text{(F)}$$

Freilich haben wir dabei vorausgesetzt, daß sich die Oktanzahlen beim Mischen linear verhalten! Lineares Mischungsverhalten liegt strenggenommen nur für wenige Eigenschaften vor, doch oft ist die erzielte Genauigkeit ausreichend, wenn die Maßzahlen der Eigenschaften nicht zu weit auseinanderliegen. Fast bei allen der zu betrachtenden Benzineigenschaften (Oktanzahl, Dichte, Dampfdruck, Siedeverhalten bei verschiedenen Temperaturen) konnte mit linearem Verhalten gerechnet werden.

Die mathematische Beschreibung einer Stoffumwandlung, etwa des Stabilisierens, ist noch komplizierter als die des Mischens. Dennoch ist es auch hier bei geringen Schwankungsbreiten der Eigenschaften oft möglich, mit linearen Funktionen auszukommen. Beim Stabilisieren gilt für jene Wertebereiche, die praktisch vorkommen, $y_4 = 0.98 y_1$, $e_s = 1.03 e_g$, $p_s = 1.05 p_g$. Für die andere Verarbeitungsstufe unseres Beispiels wollen wir $(x_2 + x_3) = 0.92 y_3$, $e_r = 1.04 e_a$, $p_r = 1.15 p_a$ benutzen. Die benötigten Zahlen werden aus statistischen Untersuchungen gewonnen; insbesondere bei Betrachtung mehrerer Stoffeigenschaften ist das ein Thema für sich (vgl. Methode der kleinsten Quadrate im Kapitel „Stahl").

Das Verzweigen eines Produktstromes, etwa das Verteilen des Gemisches auf die zwei Wege y_1 und y_2, bereitet mathematisch die größten Schwierigkeiten. Ist $y_1 = \alpha(x_3 + x_4 + x_5)$ mit einem α zwischen 0 und 1, so gilt $y_2 = (1 - \alpha)(x_3 + x_4 + x_5)$.

Faßt man α als Variable auf, dann entsteht rechts ein Produkt von Variablen, also ein nichtlinearer Ausdruck. Deshalb fassen wir α zunächst als gegeben auf – durch die Produktionserfahrung ist ja klar, welchen Wert es ungefähr haben muß. Aber eigentlich ist α eine Variable. Wir werden uns daran nach dem Lösen der zunächst für festes α betrachteten Aufgabe wieder erinnern. Solche variablen, nur vorläufig als fest angesehenen Größen nennt man in der Mathematik *Parameter*.

Lineare Optimierung

Nun wollen wir die Bedingungen für unsere Benzinproduktion zusammenstellen und durch die sechs Variablen $x_1, \ldots, x_6$ ausdrücken. Daß diese keine negativen Werte annehmen können, wird durch $x_1 \geq 0, \ldots, x_6 \geq 0$ erfaßt. Die übrigen Bedingungen sind oben durch (A), (B), (C), (D) bezeichnet worden. Jetzt müssen wir sie noch auf die sechs Variablen $x_1, \ldots, x_6$ und ansonsten nur bekannte Größen zurückführen:
Bedingung (A), mit der Fertigbenzinmenge $(x_1 + x_2 + y_4 + y_2 + x_6)$ multipliziert, besagt

$$e_b(x_1 + x_2 + y_4 + y_2 + x_6) \geq 91(x_1 + x_2 + y_4 + y_2 + x_6).$$

Mittels (F) können wir das unbekannte e_b ersetzen:

$$e_a x_1 + e_r x_2 + e_s y_4 + e_g y_2 + e_f x_6 \geq 91(x_1 + x_2 + y_4 + y_2 + x_6).$$

Nun denken wir uns die Maßeinheit so gewählt, daß die zu produzierende Fertigbenzinmenge 1 ist. Dann wird (A) gleichwertig durch die zwei Bedingungen

$$e_a x_1 + e_r x_2 + e_s y_4 + e_g y_2 + e_f x_6 \geq 91 \tag{A1}$$

$$x_1 + x_2 + y_4 + y_2 + x_6 = 1 \tag{A2}$$

erfaßt. Analog wird aus (D) infolge (A2)

$$p_a x_1 + p_r x_2 + p_s y_4 + p_g y_2 + p_f x_6 = \text{Minimum!} \tag{D1}$$

Es war $y_3 = \frac{1}{0.92}(x_1 + x_3)$, $y_4 = 0.98 y_1$, und y_1 bzw. y_2 konnten unter Verwendung von α durch x_3, x_4, x_5 dargestellt werden. Also läßt sich alles durch unsere sechs Grundvariablen ausdrücken. Auch die noch auftretenden unbekannten Eigenschaften (und analog die Preise) lassen sich auf die Eigenschaften der Rohstoffe zurückführen: e_g tritt nur multipliziert mit $(x_3 + x_4 + x_5)$ auf, worauf wir (E) anwenden. e_s bzw. e_r waren $1.03e_g$ bzw. $1.04e_a$.

Führt man das alles aus und benutzt die Abkürzungen $k = 1 - 0.02\alpha$, $l = 1.03 \cdot 0.98\alpha + 1 - \alpha$, $m = 1.05 \cdot 0.98\alpha + 1 - \alpha$, dann ergibt sich

$$x_1 \geq 0, x_2 \geq 0, x_3 \geq 0, x_4 \geq 0, x_5 \geq 0, x_6 \geq 0$$

$$e_a x_1 + 1.04 e_a x_2 + 1.04 l e_a x_3 + l e_a x_4 + l e_i x_5 + e_f x_6 \geq 91 \qquad \text{(A1}')$$

$$x_1 + x_2 + x_3 + x_4 + x_5 + x_6 = 1 \qquad \text{(A2}')$$

$$x_1 + \frac{1}{0.92} x_3 + \frac{1}{0.92} x_3 + x_4 \leq \bar{a} \qquad \text{(B}')$$

$$x_5 \leq \bar{\imath} \qquad \text{(C)}$$

$$p_a x_1 + 1.15 p_a x_2 + 1.15 m p_a x_3 + m p_a x_4 + m p_i x_5 + p_f x_6 = \text{Min!} \qquad \text{(D1}')$$

Es soll also eine lineare Funktion einen minimalen Wert annehmen, wobei die Werte der Variablen aber noch gewisse lineare Gleichungen und Un-gleichungen zu erfüllen haben. Das ist (bei festem α, also festen k, l und m) eine Aufgabenstellung der „Linearen Optimierung", eines sehr wichtigen Anwendungsgebietes der heutigen Mathematik.

Das tatsächlich in Zusammenarbeit von Universität und Chemiebetrieb ent-wickelte Modell ist genau von diesem Typ. Es entsteht, wenn man der Oktanzahlbedingung (A1') ein Dutzend Bedingungen nach gleichem Mu-ster hinzufügt (entsprechend oberen oder unteren Schranken für andere Benzineigenschaften). Natürlich müssen noch die Vorratshöhen $\bar{a}$ und $\bar{\imath}$, die Preise p_a, p_i, p_f, die aktuellen Oktanzahl–Laborwerte e_a, e_i, e_f sowie die entsprechenden Angaben für andere Benzineigenschaften eingesetzt wer-den.

Bei Bowle gilt das gleiche Prinzip

Sigrun und Stephan haben tüchtig geschwitzt, um am Beispiel des Benzins das Entstehen einer linearen Optimierungsaufgabe zu verstehen. Sigrun hat plötzlich eine Idee: „Wir sollten doch die Erdbeerbowle für Vaters Geburtstag mixen. Vater hat uns gesagt, was zu beachten ist. Er hat uns 70 DM gegeben, und den Rest dürfen wir behalten ..."

Sie sollen Erdbeerkompott und Weißwein kaufen. Zehn Liter Bowle sollen es werden, schön süß, mit einem Zuckergehalt von mindestens 9% und einem Alkoholgehalt zwischen 2.1% und 3.5%. Sprudel zum Auffüllen können sie dem Siphon entnehmen (Abb. 3).

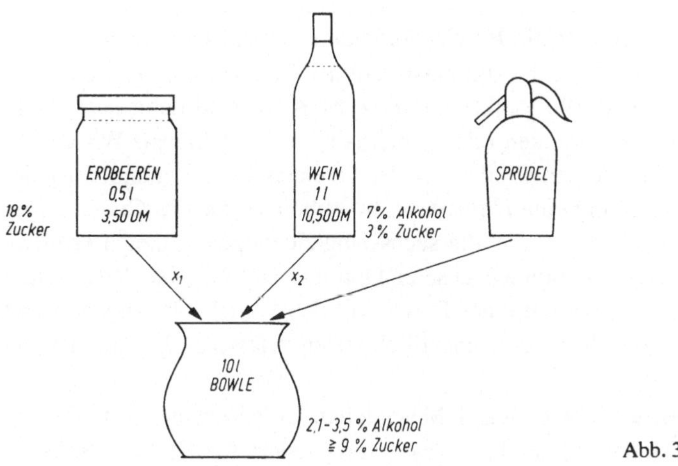

Abb. 3

Stephan schlägt vor, mit x_1 die Kompottmenge (in Liter) und mit x_2 die Weinmenge zu bezeichnen. Er rechnet: Ein Liter Kompott kostet 7 DM und enthält 180 g Zucker. In der Bowle trägt also das Kompott $7x_1$ zum Preis und $180x_1$ zur Zuckermenge bei, welche mindestens 900 sein soll. Der Wein hat den Preis $10.5x_2$, die Zuckermenge $30x_2$ und die Alkoholmenge $70x_2$. Letztere soll zwischen 210 und 350 liegen.

Daraus entsteht folgende lineare Optimierungsaufgabe:

$$x_1 + x_2 \leq 10$$

$$180x_1 + 30x_2 \geq 900$$

$$70x_2 \geq 210$$

$$70x_2 \leq 350$$

$$x_1 \geq 0$$

$$x_2 \geq 0$$

$$7x_1 + 10.5x_2 = \text{Minimum!}$$

Optimierung anschaulich

Sigrun veranschaulicht die Bowle–Aufgabe in einem Koordinatensystem in der Ebene. $x_1 + x_2 = 10$, das entspricht der Geraden mit der Gleichung $x_2 = 10 - x_1$, und alle Punkte mit $x_1 + x_2 \leq 10$ sind dann jene Punkte, welche auf der Geraden oder „unterhalb" von ihr liegen. Wir deuten das durch einen kleinen Pfeil unter der Geraden an. So entspricht jeder linearen Ungleichung eine *Halbebene*. In Abb. 4 wurde das Gebiet derjenigen Punkte schraffiert, die alle sechs Ungleichungen zugleich erfüllen. Das ist der *zulässige Bereich* unserer Optimierungsaufgabe. Jeder Punkt dieses Bereichs entspricht einer Bowle mit den vom Vater vorgegebenen Bedingungen. Welches dieser unendlich vielen zulässigen Rezepte ist nun das preiswerteste?

Kann man 10 Liter Bowle für 21 DM herstellen? Alle Rezepte, die zu diesem Preis führen, sind durch solche x_1, x_2 charakterisiert, für die $7x_1 + 10.5x_2 = 21$ ist, d. h. durch Punkte auf einer Geraden. Wir zeichnen sie mit „Preis 21" in Abb. 4 ein. Leider geht diese Gerade aber am zulässigen Bereich völlig vorbei, und deshalb kommen wir nicht so billig zur gewünschten Bowle. Die Punkte mit „Preis 42" (vgl. Abb. 4) liegen auf der Geraden $7x_1 + 10.5x_2 = 42$, und diese verläuft parallel zu jener mit „Preis 21", da sich die Geradengleichungen nur im Absolutglied unterscheiden (also die Anstiege der Geraden gleich sind).

„Ich hab's!", ruft Stephan. „Wir brauchen die Gerade nur solange parallel zu verschieben, bis wir erstmals auf einen Punkt des zulässigen Bereichs

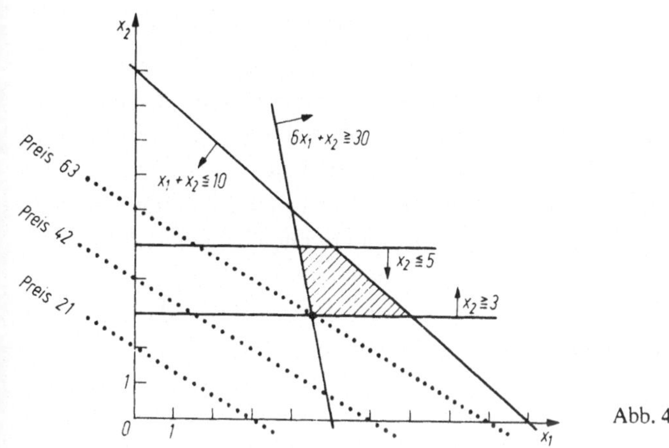

stoßen!" Er zeichnet diese Gerade ein, liest den Punkt $x_1 = 4.5$, $x_2 = 3$ ab und rechnet leicht aus, daß diese Bowle mit 4.5 Liter Erdbeeren und 3 Liter Wein 63 DM kostet, der Punkt also auf der Geraden „Preis 63" liegt. Sigrun und Stephan haben sich die von den 70 DM verbleibenden 7 DM ehrlich verdient. 4.5 Liter plus 3 Liter ergeben 7.5 Liter, es sind also noch 2,5 Liter Sprudel hinzuzufügen.

Dabei überlegt sich Sigrun folgendes: Gut, daß wir nicht noch eine dritte Variable x_3 für die Sprudelmenge benutzt haben. Zwar wäre aus der Ungleichung $x_1 + x_2 \leq 10$ dann eine Gleichung $x_1 + x_2 + x_3 = 10$ geworden, aber wir hätten ein dreidimensionales Koordinatensystem gebraucht. Nur Optimierungsaufgaben mit zwei Variablen lassen sich geometrisch durch Parallelverschiebung lösen!

In jeder Optimierungsaufgabe kann man mit Hilfe eines x_3, für das $x_3 \geq 0$ gilt, von einer Ungleichung $ax_1 + bx_2 \leq c$ zu einer Gleichung $ax_1 + bx_2 + x_3 = c$ übergehen. Von $ax_1 + bx_2 \geq c$ kommt man analog zu $ax_1 + bx_2 - x_3 = c$. Solche Variablen, die nur eingeführt werden, um von Ungleichungen zu Gleichungen überzugehen, heißen *Schlupfvariablen*.

Falls in einer Aufgabe eine Variable x_i vorkommt, die auch negative Werte annehmen kann, dann ersetzen wir sie durch eine Differenz nichtnegativer Variabler $x_i = x_i' - x_i''$, $x_i' \geq 0$, $x_i'' \geq 0$. Falls die Zielfunktion zu maximieren ist, multiplizieren wir sie mit (-1) und minimieren die neue Funktion.

Somit ergibt sich: Jede lineare Optimierungsaufgabe kann als Minimierungsaufgabe geschrieben werden, wobei alle Variablen nichtnegativ sind und alle Nebenbedingungen (außer den $x_i \geq 0$) Gleichungen sind. Die allgemeine Bezeichnung für die konstanten Koeffizienten vor den Variablen wird mit Doppelindizes geschrieben. Das ist übersichtlich: a_{ij} ist in der i-ten Gleichung der Koeffizient vor der j-ten Variablen. Die Absolutglieder auf der rechten Seite nennen wir b_i, die Koeffizienten in der Zielfunktion p_j (für die Rechentechnik ist auch üblich $b_i = a_{i0}$, $p_j = a_{0j}$). Eine Optimierungsaufgabe mit n Variablen $x_1, \ldots, x_n$ und m Gleichungen sieht dann so aus:

$$
\left.
\begin{aligned}
a_{11}x_1 + a_{12}x_2 + a_{13}x_3 + \ldots + a_{1n}x_n &= b_1 \\
a_{21}x_1 + a_{22}x_2 + a_{23}x_3 + \ldots + a_{2n}x_n &= b_2 \\
\vdots \qquad\qquad\qquad\quad \vdots \qquad\quad &\\
a_{m1}x_1 + a_{m2}x_2 + a_{m3}x_3 + \ldots + a_{mn}x_n &= b_m \\
x_1 \geq 0, x_2 \geq 0, \ldots, x_n &\geq 0
\end{aligned}
\right\} \quad (*)
$$

$$
p_1x_1 + p_2x_2 + p_3x_3 + \ldots + p_nx_n = \text{Minimum!}
$$

Die Bedingungen $(*)$ bestimmen den zulässigen Bereich in einem n-dimensionalen Raum, welchen sich auch erfahrene Mathematiker nicht anschaulich vorstellen können. Aber sie haben es gelernt, anschauliche Begriffe in ihn zu übertragen und sich auf diese Weise zurechtzufinden. Wo sich genügend viele „Ränder" der Nebenbedingungen $(*)$ schneiden, entstehen „Ecken", und es bleibt auch richtig, daß die Lösung in einer Ecke zu finden ist. Das Lösungsverfahren „Simplexmethode" verläuft folgendermaßen: Es wird zunächst eine Ecke von $(*)$ ausgerechnet, und wenn auf einer der von ihr ausgehenden Kanten die Zielfunktion besser wird, dann geht man zur Nachbarecke auf dieser Kante über usw. Meist kommt man nach relativ wenigen solchen Kantenwanderungen zu einer Optimalecke. Derart umfangreiche Rechnungen erfordern in der Regel den Einsatz von Computern.

Wir wollen, veranschaulicht in der Ebene, auf einige Sonderfälle hinweisen, die im n-dimensionalen Raum analog auftreten (Abb. 5):

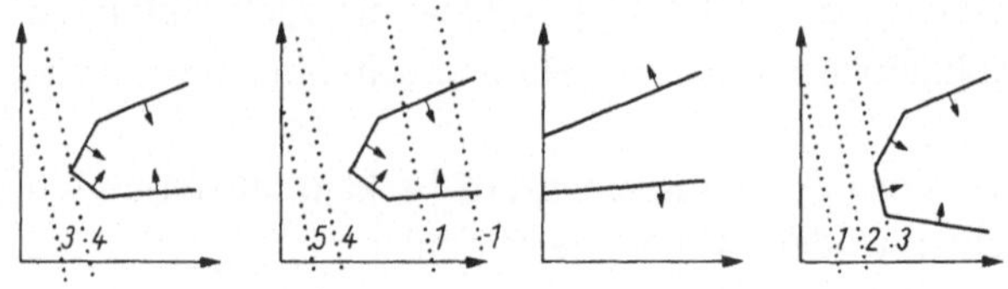

Abb. 5 a, b, c, d

a) unbeschränkter zulässiger Bereich, aber Optimallösung vorhanden;

b) unbeschränkter zulässiger Bereich, die Zielfunktion nimmt in ihm beliebig kleine Werte an;

c) die Bedingungen widersprechen sich, es gibt keine zulässige Lösung;

d) das Optimum wird in mehreren Ecken und folglich auch auf den Randstücken zwischen ihnen angenommen.

Ein Computerprogramm muß natürlich auch in solchen Fällen richtig arbeiten, insbesondere die Unlösbarkeit bei b) oder c) anzeigen. Daß im Fall d) nur eine der Optimalecken angezeigt wird, nimmt man in Kauf.

Das Benzinproblem im Rechenzentrum: Was ist eine Matrix?

Zurück zu unserem Benzinbeispiel: Sigrun und Stephan haben inzwischen die Analysewerte erfragt: $\bar{a} = 0.7$, $\bar{\imath} = 0.4$, $e_a = 93$, $e_i = 86$, $e_f = 100$, $p_a = 200$, $p_i = 140$, $p_f = 650$. Entsprechend erhalten sie folgende Aufgabe:

$$x_1 \geq 0, \quad x_2 \geq 0, \quad x_3 \geq 0, \quad x_4 \geq 0, \quad x_5 \geq 0, \quad x_6 \geq 0$$

$$
\begin{aligned}
93x_1 + 96.7x_2 + 96.7lx_3 + 93lx_4 + 86lx_5 + 100x_6 &\geq 91 \\
x_1 + x_2 + kx_3 + kx_4 + kx_5 + x_6 &= 1 \\
x_1 + 1.087x_2 + 1.087x_3 + x_4 &\leq 0.7 \\
x_5 &\leq 0.4
\end{aligned}
$$

$$200x_1 + 230x_2 + 230mx_3 + 200mx_4 + 140mx_5 + 650x_6 = \text{Min!}$$

In den letzten Tagen wurde mit $\alpha = 0.8$ produziert, aber ist das auch heute günstig? Es wäre dann $k = 0.984$, $l = 1.008$, $m = 1.023$. Folglich entsteht mit den Schlupfvariablen x_7, x_8, x_9 (alle Variablen ≥ 0):

$$
\begin{aligned}
93x_1 + 96.7x_2 + 97.4x_3 + 93.7x_4 + 86.6x_5 + 100x_6 - x_7 &= 91 \\
x_1 + x_2 + 0.984x_3 + 0.984x_4 + 0.984x_5 + x_6 &= 1 \\
x_1 + 1.087x_2 + 1.087x_3 + x_4 + x_8 &= 0.7 \\
x_5 + x_9 &= 0.4 \\
200x_1 + 230x_2 + 235.3x_3 + 204.6x_4 + 143.2x_5 + 650x_6 &= \text{Min!}
\end{aligned}
$$

Stephan ruft Tante Ursula im Rechenzentrum an und fragt, ob man dort eine lineare Optimierungsaufgabe mit vier Gleichungen und neun Variablen lösen könne. „Kleinigkeit", sagt ihm die Tante am Telefon, „schreibt die drei Matrizen ordentlich auf einen Zettel und kommt her".

Nun müssen unsere beiden noch herausfinden, was eine Matrix ist. In einem ihrer Bücher steht:

Jedes rechteckige Zahlenschema mit m Zeilen und n Spalten heißt eine m-n-Matrix. Es ist üblich, Matrizen mit großen Buchstaben zu bezeichnen: $A = (a_{ij})$. Speziell m-1-Matrizen, also Spalten, bezeichnet man auch mit kleinen Buchstaben: $b = (b_i)$.

Jetzt wissen sie, was man im Rechenzentrum haben will: Eine 4-9-Matrix A der Koeffizienten a_{ij}, die 4-1-Matrix der rechten Seiten b_i und die 1-9-Matrix $(p_1, p_2, \ldots, p_9)$ der Zielfunktionskoeffizienten:

$$\begin{pmatrix} 93 & 96.7 & 97.4 & 93.7 & 86.6 & 100 & -1 & 0 & 0 \\ 1 & 1 & 0.984 & 0.984 & 0.984 & 1 & 0 & 0 & 0 \\ .1 & 1.087 & 1.087 & 1 & 0 & 0 & 0 & 1 & 0 \\ 0 & 0 & 0 & 0 & 1 & 0 & 0 & 0 & 1 \end{pmatrix} \begin{pmatrix} 91 \\ 1 \\ 0.7 \\ 0.4 \end{pmatrix}$$

$$(200 \quad 230 \quad 235.3 \quad 204.6 \quad 143.2 \quad 650 \quad 0 \quad 0 \quad 0)$$

Sigrun hat weitergelesen und weiß schon, daß „Matrix" nicht nur ein anderes Wort für „Tabelle" ist, sondern daß man mit Matrizen rechnen kann. Matrizen *gleichen* Formats werden elementweise addiert, und entsprechend wird eine Matrix auch elementweise mit einem Faktor vervielfacht:

$$\begin{pmatrix} 1 & 2 & 3 \\ 4 & 0 & -1 \end{pmatrix} + \begin{pmatrix} 1 & 0 & 5 \\ -2 & 0 & 2 \end{pmatrix} = \begin{pmatrix} 2 & 2 & 8 \\ 2 & 0 & 1 \end{pmatrix}$$

$$2 \begin{pmatrix} 1 & 2 & 3 \\ 4 & 0 & -1 \end{pmatrix} = \begin{pmatrix} 2 & 4 & 6 \\ 8 & 0 & -2 \end{pmatrix}$$

Werden die Zeilen einer Matrix zu Spalten und umgekehrt, so nennt man dies *Transponieren* und symbolisiert das durch ein hochgestelltes $\top$:

$$\begin{pmatrix} 1 & 2 & 3 \\ 4 & 0 & -1 \end{pmatrix}^\top = \begin{pmatrix} 1 & 4 \\ 2 & 0 \\ 3 & -1 \end{pmatrix}, \quad \begin{pmatrix} 6 \\ 7 \\ 8 \end{pmatrix}^\top = (6 \quad 7 \quad 8), \quad (7)^\top = (7).$$

Falls man Kleinbuchstaben streng für Spaltenmatrizen verwendet, so ist für eine Zeilenmatrix der Kleinbuchstabe mit einem $\top$ zu versehen, etwa für die Zielfunktionskoeffizienten im Benzinbeispiel

$$p^\top = (200 \quad 230 \quad 235.3 \quad 204.6 \quad 143.2 \quad 650 \quad 0 \quad 0 \quad 0).$$

Interessant ist, wie Matrizen miteinander multipliziert werden. Wir erklären das zunächst für eine Zeile und eine *gleichlange* Spalte: Es wird das erste Element der Zeile mit dem ersten der Spalte multipliziert, dann das zweite der Zeile mit dem zweiten der Spalte usw., und alle diese Produkte werden addiert. Das Ergebnis ist eine einelementige Matrix:

$$(1 \quad 2 \quad 3) \begin{pmatrix} 4 \\ 5 \\ 6 \end{pmatrix} = (4 + 10 + 18) = (32),$$

$$(1 \quad 2 \quad 3) \begin{pmatrix} 1 \\ 1 \\ 1 \end{pmatrix} = (6),$$

$$(200 \quad 230 \quad 235.3 \quad 204.6) \begin{pmatrix} x_1 \\ x_2 \\ x_3 \\ x_4 \end{pmatrix}$$
$$= (200x_1 + 230x_2 + 235.3x_3 + 204.6x_4).$$

Grundsätzlich können zwei Matrizen stets multipliziert werden, wenn die Zeilenlänge (also Spaltenanzahl) der ersten Matrix gleich der Spaltenlänge (also Zeilenanzahl) der zweiten ist: Das Element c_{ij} in der i-ten Zeile und j-ten Spalte der Produktmatrix ist dann das (eben erklärte) Produkt der i-ten Zeile der ersten Matrix mit der j-ten Spalte der zweiten Matrix:

$$\begin{pmatrix} 1 & 2 & 3 \\ 0 & 0 & 7 \end{pmatrix} \begin{pmatrix} 4 & 1 & 2 \\ 5 & 1 & 2 \\ 6 & 1 & 2 \end{pmatrix} = \begin{pmatrix} 32 & 6 & 12 \\ 42 & 7 & 14 \end{pmatrix},$$

$$\begin{pmatrix} a_{11} & a_{12} & a_{13} \\ a_{21} & a_{22} & a_{23} \end{pmatrix} \begin{pmatrix} x_1 \\ x_2 \\ x_3 \end{pmatrix} = \begin{pmatrix} a_{11}x_1 + a_{12}x_2 + a_{13}x_3 \\ a_{21}x_1 + a_{22}x_2 + a_{23}x_3 \end{pmatrix}.$$

Die Produktmatrix hat so viele Zeilen wie der erste Faktor und so viele Spalten wie der zweite.

Unsere lineare Optimierungsaufgabe kann man daher in der Form

$$Ax = b$$

$$x \geq 0$$

$$p^\top x = \text{Min!}$$

schreiben, wobei x die Spaltenmatrix der neun Variablen und 0 eine Spalte aus neun Nullen ist; $x \geq 0$ wird als $x_i \geq 0$ für alle i von 1 bis 9 verstanden. Quadratische Matrizen mit Einsen in der Hauptdiagonalen, also $a_{ii} = 1$ für alle i, und mit Nullen an allen anderen Stellen, also $a_{ij} = 0$ für alle $i \neq j$, heißen *Einheitsmatrizen*. Multipliziert man sie mit einer anderen Matrix, dann ist das Ergebnis stets diese andere Matrix:

$$\begin{pmatrix} 1 & 0 & 0 \\ 0 & 1 & 0 \\ 0 & 0 & 1 \end{pmatrix} \begin{pmatrix} a & b & c & d \\ e & f & g & h \\ i & j & k & l \end{pmatrix} = \begin{pmatrix} a & b & c & d \\ e & f & g & h \\ i & j & k & l \end{pmatrix}$$

Ist das Produkt zweier quadratischer Matrizen eine Einheitsmatrix, so heißen beide Matrizen zueinander *invers*.

$$AB = \text{Einheitsmatrix} \;\rightarrow\; A = B^{-1}, \; B = A^{-1}.$$

Nicht zu jeder quadratischen Matrix gibt es eine inverse. Wenn sie aber existiert, dann gibt es nur eine; die betrachtete Matrix heißt dann *regulär*. Besitzt die Koeffizientenmatrix A eines Gleichungssystems $Ax = b$ eine inverse Matrix A^{-1}, so kann man mit dieser von links multiplizieren: $A^{-1}Ax = A^{-1}b$. Weil $A^{-1}A$ eine Einheitsmatrix ist, die bei Multiplikation nichts verändert, ist $x = A^{-1}b$ die Lösung des Systems.

Für die Matrizenoperationen gelten z. B. folgende Rechenregeln:
$A + B = B + A$, $(A + B) + C = A + (B + C)$, $(AB)C = A(BC)$, $(A + B)C = AC + BC$, $A(B + C) = AB + AC$, $(A + B)^\top = A^\top + B^\top$, $(A^\top)^\top = A$, $(AB)^\top = B^\top A^\top$, $(A^{-1})^{-1} = A$, $(AB)^{-1} = B^{-1}A^{-1}$, $(A^\top)^{-1} = (A^{-1})^\top$.
Zu beachten ist, daß AB und BA im allgemeinen nicht übereinstimmen.

Wenn jeder Funktionswert teuer ist

Gibt man die Zahlenwerte unseres Benzinbeispiels in einen Computer ein, der ein Programm zur Linearen Optimierung im Speicher hat, so erhält man nach kurzer Zeit eine Optimallösung (mit dem BASIC–Programm am Schluß des Kapitels benötigt unser Kleincomputer dafür 12 Sekunden):

$$x^* = (x_1^* \quad x_2^* \ x_3^* \ x_4^* \ x_5^* \ x_6^* \ x_7^* \quad x_8^* \quad x_9^*)^\top$$
$$= (0.606 \quad 0 \ \ 0 \ \ 0 \ \ 0.4 \ 0 \ \ 0.054 \ 0.094 \ 0 \ )^\top$$
$$p^\top x^* = 178.479$$

Somit ist klar, wie eine optimale Fahrweise der Anlage aussieht und daß dabei die Optimalkosten von 178.479 Geldeinheiten entstehen – freilich alles noch unter der Voraussetzung $\alpha = 0.8$. Setzt man ein anderes α ein, dann erhält man neue A und p und in der Regel auch eine andere Optimallösung x^* mit anderen Optimalkosten $p^\top x^*$. Diese Optimalkosten sind eine Funktion $f(\alpha)$. Das gesuchte α^* ist jenes zwischen 0 und 1, für das diese Funktion $f(\alpha)$ ihren kleinsten Wert annimmt. Weil oben $x_7^* > 0$ ist, also die Oktanzahlbedingung „übererfüllt" wird, haben wir α^* etwas kleiner als 0.8 zu erwarten. Für die Funktion $f(\alpha)$ gibt es keinen Formelausdruck, sie ist nur *punktweise berechenbar* durch Aufstellen und Lösen der linearen Optimierungsaufgabe für das jeweilige α. Selbst bei Benutzung von Computern kostet das Ermitteln jedes Funktionswertes von $f(\alpha)$ soviel Zeit und Geld, daß man bei der Suche nach dem Minimum von $f(\alpha)$ mit möglichst wenigen Funktionswertberechnungen auskommen möchte.

Mit dem Goldenen Schnitt zum Minimum

Angeregt durch dieses Benzinbeispiel betrachten wir das Problem: Gegeben sind eine punktweise berechenbare Funktion $f(z)$ und ein *Intervall* $L \leq z \leq R$, kurz $[L, R]$, mit folgenden Eigenschaften: Die Minimalstelle z^* von $f(z)$ liegt zwischen dem linken Randwert L und dem rechten Randwert R, $f(z)$ fällt von L bis z^*, $f(z)$ wächst von z^* bis R. Gesucht ist ein Verfahren, um nach möglichst wenigen Funktionswertberechnungen ein Intervall $[L', R']$ mit $L \leq L' \leq z^* \leq R' \leq R$ zu finden und mit so kleiner Intervallänge $R' - L'$, daß z^* genau genug eingeschachtelt ist (man nimmt die Intervallmitte $\frac{L'+R'}{2}$ als Näherung für z^*). Ist $R' - L'$ kleiner als $2E$, so ist die Intervallmitte von z^* höchstens E entfernt. E ist also die vorzugebende Genauigkeitsschranke.

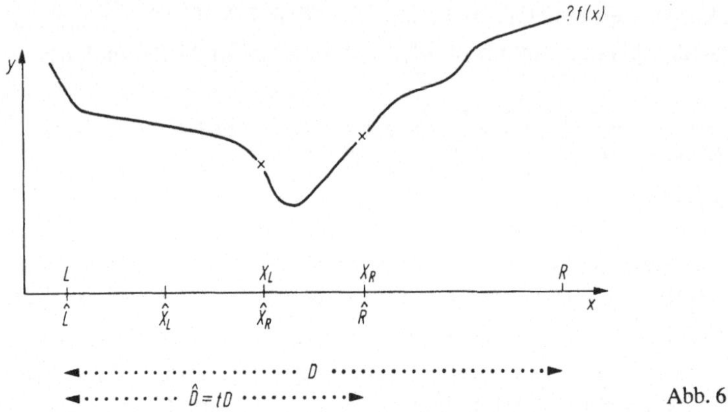

Abb. 6

Wir bezeichnen mit $D = R - L$ die Intervallänge zu Beginn. Im Verfahren wird ein *Kontraktionsfaktor* t auftreten. Durch Multiplikation mit t verkleinert sich die Intervallänge von Schritt zu Schritt. Nach der ersten Verkleinerung gilt $\hat{D} = tD$, und wir verkleinern weiter, bis $\hat{D}$ schließlich kleiner als $2E$ ist. Auch bei anderen Größen kennzeichne „ˆ" jeweils die entsprechende Größe im nächsten Schritt.

Wir beginnen mit dem Intervall $[L, R]$ und zwei darin gelegenen Punkten X_L, X_R (Abb. 6, die zur Veranschaulichung eingezeichnete Funktion $f(z)$ kennen wir allerdings nicht). Die Werte $f(X_L)$ und $f(X_R)$ müssen ermittelt werden. Es sei etwa $f(X_L) < f(X_R)$. Dann kann die Minimalstelle z^* nicht rechts von X_R liegen (weil ja $f(z)$ bis z^* ständig fallen sollte, aber in X_R bereits größer als in X_L ist). Also liegt z zwischen L und X_R; wir benutzen als neues Intervall das mit $\hat{L} = L$ und $\hat{R} = X_R$ (Abb. 6). Da wir mit wenigen Funktionswertberechnungen auskommen wollen, wählen wir $\hat{X}_R = X_L$, hier kennen wir den Funktionswert ja schon. Es ist dann ein neuer Punkt $\hat{X}_L$ festzulegen und in diesem den Funktionswert $f(\hat{X}_L)$ neu zu ermitteln. Dann folgt der nächste Verkleinerungsschritt (bei $f(\hat{X}_L) < f(\hat{X}_R)$ ist wieder $[\hat{L}, \hat{X}_R]$ das nächste Intervall, bei $f(\hat{X}_L) > f(\hat{X}_R)$ dagegen $[\hat{X}_L, \hat{R}]$; den praktisch kaum auftretenden Sonderfall $f(\hat{X}_L) = f(\hat{X}_R)$ schlagen wir einfach mit zum zweiten Fall hinzu.

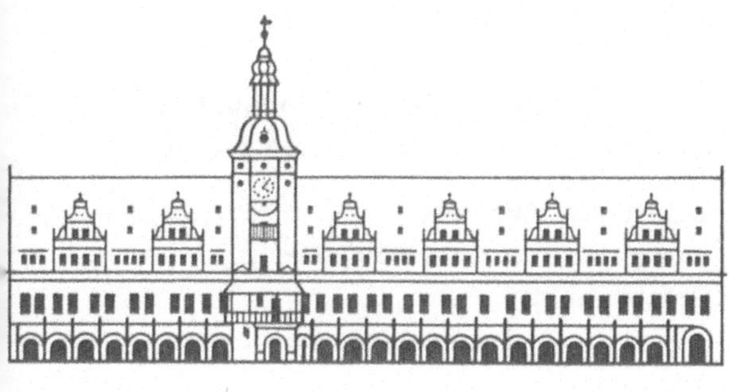

Abb. 7

Damit wir in jedem Fall eine gleichgute Intervallverkleinerung erzwingen, muß $X_R - L = R - X_L$ sein, $\hat{X}_R - \hat{L} = \hat{R} - \hat{X}_L$ usw. Das t berechnet sich aus der Bedingung $\hat{X}_R = X_L$, wodurch $\hat{X}_R - \hat{L} = X_L - L = R - X_R$ ist, also gilt:

$$t = (R - L) : (X_R - L),$$

$$t = (\hat{R} - \hat{L}) : (\hat{X}_R - \hat{L}) = (X_R - L) : (R - X_R),$$

$$(R - L) : (X_R - L) = (X_R - L) : (R - X_R).$$

Das ist die Bedingung für die Teilung des Intervalls $[R, L]$ nach dem *Goldenen Schnitt* durch Unterteilen in X_R: Die Gesamtlänge $R - L$ verhält sich zur Länge des größeren Teils $X_R - L$ so wie diese Länge zur Länge des kleineren Teils $R - X_R$. Die Teilung nach dem Goldenen Schnitt wird häufig benutzt, um eine besondere ästhetische Wirkung zu erzielen (z. B. teilt der Turm des Leipziger Alten Rathauses die Vorderfront des Gebäudes nach dem Goldenen Schnitt und nicht etwa in der Mitte, Abb. 7).
Wegen $R - X_R = (R - L) - (X_R - L) = D - tD$ erhalten wir aus der letzten Proportion $D : tD = tD : (D - tD)$, also $1 : t = t : (1 - t)$. Hieraus errechnet man

$$t = \frac{\sqrt{5} - 1}{2} = 0.618034.$$

... und wie man das für den Computer vorbereitet

Wir wollen das Verfahren nun als formale Vorschrift formulieren, wobei so wenig Werte wie möglich notiert werden. Vier Angaben genügen:

D: Länge des soeben betrachteten Intervalls,
X: innerer Punkt, in dem wir den Funktionswert kennen,
F_X: Funktionswert in diesem Punkt,
$V = +1$, falls X für X_L steht; $V = -1$, falls X für X_R steht.

Daraus können wir den anderen inneren Punkt leicht berechnen, denn der Abstand der inneren Punkte ist

$$X_R - X_L = (X_R - L) - (X_L - L) = tD - (1-t)D = (2t-1)D = 0.236068 \cdot D.$$

Falls also X der eine innere Punkt ist, so ist $Z = X + V \cdot 0.236068 \cdot D$ der andere, in dem wir $F_Z = f(Z)$ neu zu berechnen haben. Die am Schluß benötigte Intervallmitte ergibt sich aus $X + 0.5 \cdot V \cdot 0.236068 \cdot D = X + V \cdot 0.118034 \cdot D$. Bei Bedarf könnte man auch die Intervallgrenzen ausrechnen, aber diese brauchen wir nicht.

Ist z. B. $X = X_L$, also $Z = X_R$, und $f(X_L) < f(X_R)$, so war oben $\hat{X}_R = X_L$. Folglich bleibt X der „bekannte" Wert auch im nächsten Intervall, jedoch als rechter Wert; es muß also V verändert werden. Analog durchdenkt man die anderen drei Fälle, und immer gilt:

Ist $F_X < F_Z$, so wird X weiterbenutzt, aber V verändert.

Ist $F_X \geq F_Z$, so wird Z das neue X, aber V bleibt.

Wir fassen die Minimierung nach dem Goldenen Schnitt nun als Folge von acht Bausteinen zusammen, die wir durch gewisse vierstellige Zahlen markieren:

1580 Drei Zahlen als Intervallgrenzen bzw. Genauigkeitsschranke L, R, E vorgeben; Intervallänge $D = R - L$ ausrechnen.

1590 $Z = L + 0.381966 \cdot D$ als linken inneren Punkt ausrechnen, somit $V = 1$ setzen. Die Ermittlung des zugehörigen Funktionswertes F_Z durch Baustein 1680 einschieben. Zum Baustein 1610 springen.

1600 0.618034 multipliziert mit dem bisherigen D gibt das neue D. Wenn $F_X < F_Z$ ist, V verändern und nach 1620 springen.

1610 Das Z wird zum neuen X, das zugehörige F_Z somit zum F_X.

1620 Wenn $D > 2E$ ist, wir also noch nicht fertig sind, nach 1660 springen.

1640 $X + V \cdot 0.118034 \cdot D$ als Minimalstelle ausgeben. Wir sind fertig.

1660 $Z = X + V \cdot 0.236068 \cdot D$ ist der andere Wert im Intervall. Die Ermittlung des F_Z durch Baustein 1680 einschieben. Danach zum Baustein 1600 springen.

1680 Zum momentanen Z das zugehörige F_Z angeben.

(Ist gar kein Sprung angegeben oder die Wenn–Bedingung für einen Sprung nicht erfüllt, geht man jeweils zum folgenden Baustein über.)

Wer eine Programmiersprache kennt, kann diese „Bausteine" sehr leicht in Befehle eines Computerprogramms umsetzen – vgl. die entsprechend numerierten Programmzeilen am Schluß dieses Kapitels. Das dort angegebene Programm enthält außerdem noch die Möglichkeit, bei Vorhandensein einer geschlossenen Formel für $f(x)$ diese als Funktionsdefinition FNQ(X) = ... dem Rechner mitzuteilen, wodurch das punktweise Eintippen des f_Z (Baustein 1680) durch die automatische Funktionswertberechnung (Anweisung 1670 des Programms) ersetzt wird. Auf diese Weise können auch Nullstellen einer formelmäßig gegebenen in $[L, R]$ monotonen Funktion bestimmt werden, indem man Minimalstellen des Absolutbetrages der Funktion suchen läßt.

Benzin

Wir probieren des soeben beschriebene Programm für das nur punktweise berechenbare $f(\alpha)$ unseres Benzinbeispiels aus. Wir geben $L = 0.7$, $R = 0.8$, $E = 0.005$ ein. Daraus berechnet der Computer $X_L = 0.738$ und fordert somit die Eingabe des Wertes $f(0.738)$. Diesen erhalten wir durch Lösen der entsprechenden linearen Optimierungsaufgabe als 178.423. Dann fordert der Computer der Reihe nach fünf weitere Funktionswerte an; jedesmal müssen wir die lineare Optimierungsaufgabe für das entsprechende α aufstellen und lösen, um den Wert eingeben zu können: $f(0.762) = 178.457$, $f(0.724) = 178.432$, $f(0.747) = 178.418$, $f(0.753) = 178.428$, $f(0.744) = 178.420$. Dann endet das Programm mit der Angabe „Minimum in 0.748", und wir wissen, daß dieser Wert um höchstens 0.005 vom bestmöglichen α abweicht. Wir lösen nun noch für diesen Wert das lineare Optimierungsproblem:

$$x^* = (0.605 \quad 0 \quad 0 \quad 0.001 \quad 0.4 \quad 0 \quad 0 \quad 0.094 \quad 0)^\mathsf{T} \qquad p^\mathsf{T} x^* = 178.417$$

Für die reale Anwendung im Chemiebetrieb wurden zwei solche Programme zum Lösen der linearen Optimierungsaufgabe und zum Ermitteln des nächsten α-Wertes (und dazu ein Programm zum Erzeugen der Optimierungsaufgabe bei vorgegebenem α) zusammengekoppelt. Die Herstellungskosten des Benzins konnten durch die Optimierung um einige DM pro Tonne gesenkt werden – und der Betrieb erzeugt viele Hunderttausend Tonnen im Jahr. Die Haupteinsparung ergab sich daraus, daß in vielen Fällen eine Variante gefunden wurde, die ohne Zugabe von Flugzeugbenzin auskommt.

△   Programm „Minimumsuche"
Im gegebenen Intervall wird die Minimalstelle einer Funktion ermittelt, deren Werte eventuell aus einem Formelausdruck, eventuell aber auch nur punktweise berechenbar sind.

```
1500 CLS: PRINT"MINIMUM F(X) IN L<X<R,";
1510 PRINT" GENAUIGKEIT E    ": I=.118034
1520 PRINT"FORMEL FUER F(X) GEGEBEN? J/N"
1530 INPUT J$: PRINT: IF J$="N" GOTO 1580
1540 PRINT "! EDITIERE 1560 FNQ(X)=...",
1550 PRINT"DANN ENTER!": PRINT: EDIT 1560
1560 DEF FNQ(X)=
1570     ! BRK-TASTE, DANN GOTO 1560 !
1580 INPUT"L,R,E= : ";L,R,E: PRINT: D=R-L
1590 Z=L+.381966*D:V=1:GOSUB1670:GOTO 1610
1600 D=.618034*D:IF FX<FZ THEN V=-V:
     GOTO 1620
1610 X=Z: FX=FZ
1620 IF D>2*E GOTO 1660
1630 IFJ$<>"N"THEN PRINT "WERT";
     FNQ(X+V*I*D)
1640 PRINT"MINIMUM IN",X+V*I*D," ","NACH";
1650 INPUT" KENNTNISNAHME ENTER!";J$: RUN
1660 Z=X+V*.236068*D: GOSUB 1670:GOTO 1600
1670 IF J$<>"N" THEN FZ=FNQ(Z): RETURN
1680 PRINT "F(";Z;: INPUT") =";FZ: RETURN
```

△   Programm „Lineare Optimierung"
Ermittlung des Minimalwertes und einer Minimalstelle einer linearen Funktion n nichtnegativer Variabler, so daß m Gleichungsbedingungen erfüllt sind.

```
8500 CLS: PRINT "LINEARE OPTIMIERUNG"
8510 GOSUB 8520:DIM BV(M):DIM X(N):
     GOTO 8590
8520 PRINT: PRINT"EINGABE AX=B": PRINT
8530 INPUT "ZEILENANZAHL M=";M: PRINT
8540 INPUT"VARIABLENANZAHL N=";N:
     DIM A(M,N)
8550 PRINT:FOR I = 1 TO M: FOR J = 1 TO N
8560 PRINT"A(";I;",";J;: INPUT")";A(I,J)
8570 NEXT: PRINT"B(";I;: INPUT")=";A(I,0)
8580 PRINT: NEXT: RETURN
8590 NN=N: PRINT"EINGABE Z(X)=PX+Z":PRINT
8600 FOR J=1 TO N:PRINT "P(";J;
     INPUT ")=";A(0,J)
8610 NEXT:PRINT:INPUT"Z=";I:A(0,0)=-I:CLS
8620 QQ=1.7E38: I=0: JJ=0: FOR K = 1 TO M
8630 IF A(K,0)<0 OR BV(K)=0 THEN I=K: K=M
8640 NEXT: IF I=0 GOTO 8870
8650 FOR J = 1 TO N: A=A(I,J): K=ABS(A)
8660 IF K>1E-6 AND A*A(I,0)>=0 THEN
     JJ=J:J=N
8670 NEXT: IF ABS(A(I,0))<1E-6 GOTO 8690
8680 IF JJ=0 THEN PRINT "ZULAESSIGE";:
     GOTO 8790
8690 II=I: IF JJ=0 GOTO 8710
8700 QQ=A(I,0)/A(I,JJ):GOSUB 8730:
     GOTO 8620
8710 FOR J=0 TO N: A(I,J)=A(M,J): NEXT
8720 BV(I)=BV(M): M=M-1: GOTO 8620
8730 FOR I=1 TO M:A=A(I,JJ):IF A*BV(I)<0:
     GOTO 8760
8740 IF ABS(A)<1E-6 OR A*A(I,0)<0
     GOTO 8760
8750 Q=A(I,0)/A: IF Q<QQ THEN QQ=Q: II=I
8760 NEXT: IF QQ<1.7E38 GOTO 8820
8770 PRINT"Z UNBESCHRAENKT, DA X(";JJ;")"
8780 PRINT"UNBESCHRAENKT":PRINT"OPTIMALE";
8790 PRINT" LOESUNG EXISTIERT NICHT !"
8800 PRINT: PRINT"NACH KENNTNISNAHME ";
8810 INPUT "ENTER !";X$: RUN
8820 BV(II)=JJ:A=1/A(II,JJ):FOR J=0 TO N
8830 A(II,J)=A(II,J)*A:NEXT:FOR I=0 TO M
8840 A+A(I,JJ): IF I=II GOTO 8860
8850 FOR J=0 TO N:A(I,J)=A(I,J)-A*A(II,J)
     :NEXT
8860 NEXT:RETURN
8870 Q=0: QQ=1.7E38: FOR J = 1 TO N
8880 IF A(0,J)<Q THEN Q=A(0,J): JJ=J
8890 NEXT:IF Q<0 THEN GOSUB 8730:GOTO 8870
8900 PRINT"OPTIMALWERT =";-A(0,0): PRINT
8910 K=0:X$="X":GOSUB 8920:PRINT:GOTO 8800
8920 FOR J = 1 TO NN: Q=0: PRINT X$;
8930 IF J<10 THEN PRINT" ";
8940 FOR I=1 TO M:IF J=BV(I) THEN Q=I:I=M
8950 NEXT:PRINT J,:A=A(Q,K):IF J=K THEN
     PRINT -1
8960 IF Q>0 THEN PRINT A:IF K=0 THEN
     X(J)=A
8970 IF Q=0 AND J<>K THEN PRINT 0
8980 IF NN<N THEN A(J,K-M)=A
```

Kohlezüge – Tanzpaare – Kilterbögen

Steigt man auf die Aussichtsplattform des Leipziger Universitätshochhauses, dann zeichnet sich am Horizont eine zerstörte Landschaft ab. Lange Zeit interessierten wir Mathematiker uns nicht besonders für diese Gegend: da wird doch nur Abraum weggefahren, Kohle ausgebuddelt, verladen und schließlich verbrannt. Mathematische Präzision ist dabei wohl nicht gefragt. Jahrzehntelang beschäftigte dieser riesige Industriezweig – zu jedem Teilbetrieb gehören mehrere Tagebaue, Industriekraftwerke, Brikettfabriken sowie ständig zu beliefernde Chemiebetriebe und Großkraftwerke – nicht einen einzigen Mathematiker.

Das hat sich geändert, und wir wollen in diesem Kapitel ein Beispiel für den Einsatz mathematischer Methoden herausgreifen: Zu jedem Teilbetrieb gehört ein Hunderte Kilometer langes Schienennetz für die innerbetrieblichen Kohlezüge, das bis an die Vorratsbunker von Großverbrauchern heranreicht. Es enthält auch Übergabestellen an das allgemeine Eisenbahnnetz, damit Briketts in die Städte und Rohbraunkohlelieferungen zu entfernten Betrieben gelangen können. Man sieht es nicht auf den ersten Blick – aber hier greifen derartig viele Bedingungen und Erfordernisse ineinander, daß sich der Vergleich mit dem komplizierten Räderwerk einer alten Uhr aufdrängt.

Es kann nicht einfach jeder Verbraucher vom nächstgelegenen Tagebau beliefert werden, weil nicht nur die Tagebaue beschränkte Kapazität haben und ebenso die Gleisverbindungen und Umschlagstellen – das alles ändert sich auch noch ständig (z. B. bei jeder Gleisverrückung). Genaugenommen muß auch die Qualität der Rohkohle beachtet werden, damit die Brikettfabriken brikettierfähige Kohle bekommen, die Chemiebetriebe solche mit bestimmten Beimengungen usw. Wir wollen hier aber einfach von „Kohle" sprechen, und zwar von über 100 000 t täglich. Die Qualität kann in bestimmtem Maße durch vorgegebene Mindestauslastung von Bahnstrecken gesteuert werden, so daß jede Brikettfabrik vorrangig von einem Tagebau beliefert wird, wo im Moment Brikettierkohle anliegt (auch das ändert sich in einem Tagebau von Stelle zu Stelle).

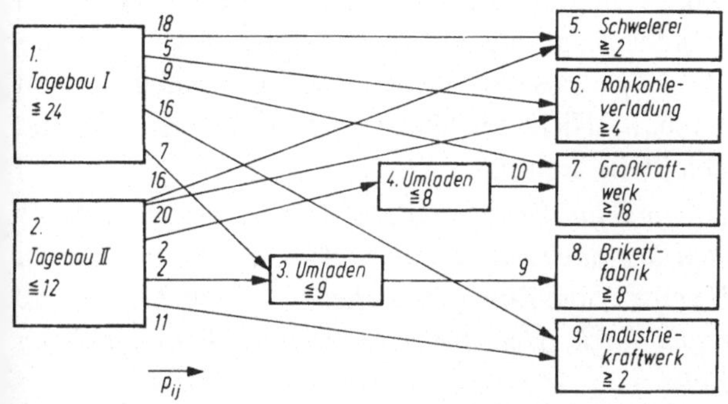

Abb. 8

Abb. 8 zeigt ein kleines Demonstrationsbeispiel mit zwei Tagebauen und fünf Verbrauchern. Die Brikettfabrik ist nur über das öffentliche Eisenbahnnetz zu erreichen; auch zwischen Tagebau II und dem Großkraftwerk muß umgeladen werden. An den Tagebauen stehen die maximal verfügbaren Mengen, bei den Verbrauchern die mindestens benötigten. An den beiden Umladepunkten ist die Durchlaßfähigkeit angegeben (alles in einheitlichen Mengeneinheiten). An allen Strecken stehen die *Transportkosten* p_{ij} (in einheitlichen Geldeinheiten) für den Transport einer Mengeneinheit von i nach j. Bezeichnet x_{ij} analog die transportierte Menge, so erhält man die Kosten $x_{ij}p_{ij}$ für die Strecke. Diese Werte für alle Strecken zusammengezählt ergeben die Gesamtkosten, und diese sollen möglichst niedrig werden.

Schienen werden Bögen: der Graph

Es gibt ein Teilgebiet der Mathematik, an das man sofort denkt, wenn sich ein Problem wie in Abb. 8 veranschaulichen läßt: die Graphentheorie.

Definition: *Gegeben sind eine endliche Menge M, genannt Menge der Knoten, und eine Menge R von geordneten Paaren gewisser Knoten. Diese Paare werden Bögen genannt. Das erste Element im Paar heißt Anfangsknoten, das zweite Endknoten. Dann bilden M und R zusammen einen gerichteten Graphen [M, R].*

Den Fall, daß ein Knoten zugleich Anfangs- und Endknoten desselben Bogens ist, schließen wir im folgenden aus.

Ein Graph ist ein abstraktes Ding, dem man jedoch (auf verschiedene Weise) anschauliche Bilder zuordnen kann, indem man die Knoten als kleine Kreise oder Kästchen und die Bögen als Pfeile vom jeweiligen Anfangs- zum Endknoten darstellt (Abb. 8). Nicht von allen Graphen kann man ein Bild zeichnen, ohne daß sich Pfeile kreuzen.

Eine Folge von Bögen heißt Bahn, wenn jeweils der Endknoten eines Bogens mit dem Anfangsknoten des nächsten übereinstimmt. In Abb. 9 links ist (A, B), (B, C), (C, H) eine Bahn. *Eine sich schließende Bahn heißt Kreis. Eine Bogenfolge, die sich durch „Umorientieren" einiger Bögen zur Bahn machen ließe, heißt Kette.*

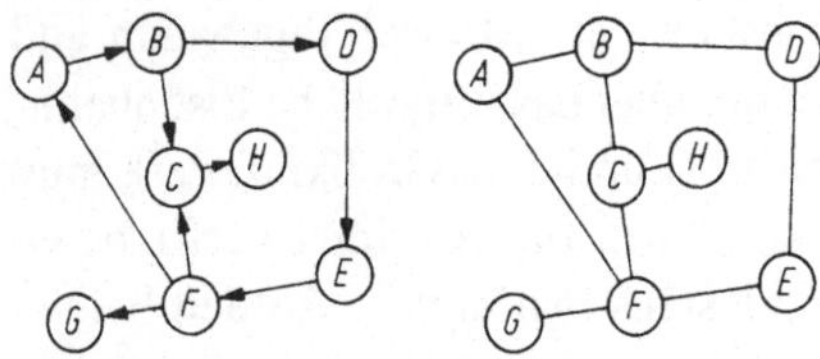

Abb. 9

Beispielsweise ist (B, C), (F, C), (F, G) eine Kette $B - C - F - G$ von B nach G, (B, C) und (F, G) heißen *Vorwärtsbögen* dieser Kette, (F, C) ist ein *Rückwärtsbogen*. Eine sich schließende Kette heißt *Zyklus*, etwa $B - D - E - C - B$.

In der Graphentheorie werden auch „ungerichtete" Graphen betrachtet (Abb. 9 rechts), anstelle von Bögen und Bahnen spricht man dort von Kanten und Wegen (leider ist der Sprachgebrauch in der Literatur nicht einheitlich).

Kostenminimale Flüsse

Ein graphentheoretisches Modell mit vielen verschiedenartigen Anwendungen benutzt als zentralen Begriff den Fluß. *Eine zahlenmäßige Bewertung x_{ij} aller Bögen (i, j) eines Graphen heißt Fluß, wenn für jeden Knoten des Graphen gilt, daß die Summe der x_{ij} auf den ankommenden Bögen gleich der Summe der x_{ij} auf den wegführenden Bögen ist.* Man kann sich die x_{ij} als transportierte Mengen vorstellen, die in dem Knoten eventuell umgeladen werden, aber so, daß nichts verlorengeht oder hinzukommt (*Divergenzfreiheit*). Für den Wert des Flusses x_{ij} auf dem Bogen sind häufig untere Grenzen l_{ij} (*Mindestauslastungen*, eventuell gleich 0) oder obere Grenzen c_{ij} (*Kapazitätsschranken*) gegeben; ein Fluss, für den $l_{ij} \leq x_{ij} \leq c_{ij}$ auf allen Bögen gilt, heißt *zulässiger Fluß*. Falls die Kapazität nicht nach oben beschränkt ist, benutzt man für c_{ij} den uneigentlichen Wert „unendlich": $c_{ij} = \infty$.

Um unser Kohlezüge–Beispiel so zu modellieren, müssen wir den durch Abb. 8 gegebenen Graphen etwas erweitern: Wir schalten den beiden Tagebauen noch einen nullten Knoten „Kohlebildung" vor. Als Kapazitätsschran-

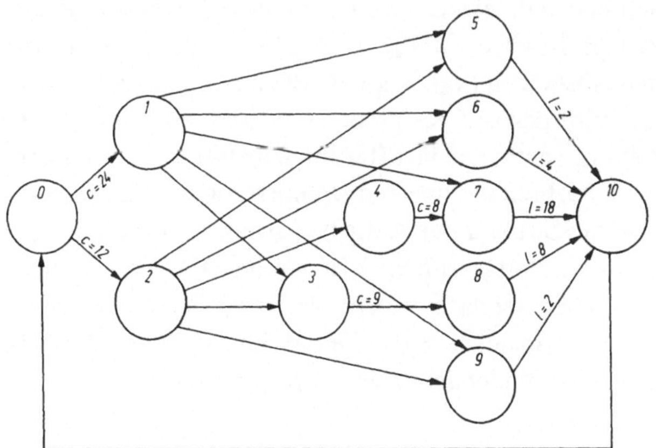

Abb. 10

ken auf den Bögen zu den Tagebau–Knoten dienen die Liefermöglichkeiten 24 bzw. 12 der Tagebaue. Analog schalten wir hinter die fünf Verbraucher einen zehnten Knoten „Kohleverschwinden". Durch die Mindestauslastungen 2, 4, 18, 8, 2 der Bögen zu ihm sichern wir, daß „durch" jeden Verbraucher mindestens sein Bedarf fließt. Schließlich tragen wir noch von

„Kohleverschwinden" zu „Kohlebildung" einen in der Realität leider nicht vorhandenen *Rückkehrbogen* ein, damit auch in den Knoten Nr. 0 bzw. Nr. 10 Divergenzfreiheit vorliegen kann. So ergibt sich ein geschlossener Kreislauf der Kohle, welcher alle Forderungen an einen zulässigen Fluß zu erfüllen hat (die beschränkte Durchlaßfähigkeit der Umladestellen Nr. 3 bzw. Nr. 4 bringen wir ebenfalls als Kapazitätsschranke auf den nachfolgenden Bögen an). Es entsteht der Graph in Abb. 10; an Bögen, wo über l_{ij} bzw. c_{ij} nichts vermerkt ist, lies $l_{ij} = 0$ und $c_{ij} = \infty$. Auf den gegenüber Abb. 8 hinzugekommenen künstlichen Bögen entstehen natürlich keine Transportkosten. Zusätzlich zu Abb. 8 ist für sie $p_{ij} = 0$ vorzumerken. Die Werte x_{ij} des Flusses werden als Variable einer Optimierungsaufgabe aufgefaßt. Sie sollen so gewählt werden, daß die Gesamtkosten (die Summe aller $p_{ij} x_{ij}$) minimal werden unter Beachtung unserer Nebenbedingungen:

$$l_{ij} \leq x_{ij} \quad \text{auf jedem Bogen,}$$
$$x_{ij} \leq c_{ij} \quad \text{auf jedem Bogen,}$$
$$\text{Divergenzfreiheit in jedem Knoten.}$$

Die Divergenzfreiheit bedeutet jeweils eine Gleichungs–Nebenbedingung, im Knoten Nr. 3 zum Beispiel $x_{13} + x_{23} = x_{38}$. Es ist also eine *lineare Optimierungsaufgabe* entstanden (vgl. Kapitel „Benzin"), jedoch von spezieller Struktur. Man wird deshalb bei größeren Beispielen (die von uns behandelten Anwendungen enthalten fast 100 Knoten und etwa 200 Bögen) nicht die allgemeinen Verfahren der linearen Optimierung verwenden, sondern spezielle, welche die Struktur der Aufgabe ausnutzen. Ein derartiges Verfahren ist der *Out-of-kilter–Algorithmus*, den wir im nächsten Abschnitt erläutern. Er spielt eigentlich nur nach, was passieren würde, säße in jedem Knoten ein zuverlässiger Dispatcher. So wollen wir ihn auch beschreiben. Ein BASIC–Programm dazu findet der Leser am Kapitelende.

Bis alles „in kilter" ist

Wir beginnen die Berechnung mit irgendeinem Fluß (x_{ij}), d. h., mit Ausnahme der Divergenzfreiheit müssen die Nebenbedingungen noch nicht erfüllt sein. Dieser Fluß soll nun schrittweise verbessert werden, bis er zulässig und kostenminimal ist. Man könnte jedesmal mit $x_{ij} = 0$ für alle i, j beginnen, in der Praxis nimmt man aber das Endergebnis der unmittelbar vorangegangenen Rechnung – wenn sich die Bedingungen seitdem nicht wesentlich verändert haben, unterscheidet es sich weniger vom jetzt aktuellen Optimum als die Nullösung.

Selbst zulässige x_{ij} können nicht allein durch Betrachtung des zugehörigen p_{ij} eingeschätzt werden. Vielleicht sind die Kosten hoch, und es gibt trotzdem keine bessere Lösung. Vielleicht sind sie auch niedrig, obwohl die Kohle unnötig im Kreis herumgefahren wird. Um die Bewertung zu erleichtern, ordnen wir den Knoten Zahlen p_i zu, sozusagen Preise für die Kohle an der jeweiligen Stelle. Dann werden den Strecken (i, j) folgende *Überführungskosten* $\bar{p}_{ij}$ zugeordnet:

$$p_i, \quad \text{um die Mengeneinheit in } i \text{ zu kaufen,}$$

$$p_{ij}, \quad \text{um sie von } i \text{ nach } j \text{ zu transportieren,}$$

$$-p_j, \quad \text{da man für die Ablieferung in } j \text{ ja } p_j \text{ einnimmt.}$$

Also berechnen wir $\bar{p}_{ij} = p_i + p_{ij} - p_j$. Nun kann man besser beurteilen, wie sich ein Transportweg eignet. Selbst hohe p_{ij} stören nicht, wenn p_j viel größer als p_i ist.

Das Verfahren kann mit beliebigen p_i begonnen werden, etwa $p_i = 0$ für alle Knoten i. Eine klügere Wahl der p_i beschleunigt das Verfahren (z. B. Endwerte der vorigen Rechnung zum gleichen Transportnetz – hat man solche nicht, kann man die p_i als kürzeste „Entfernung" des Knotens von der Urquelle Nr. 0 wählen, wobei die p_{ij} als Entfernungen zwischen i und j aufgefaßt werden).

Der amerikanische Mathematiker D. R. FULKERSON (1924-1976) prägte für solche Bögen, deren Mindestauslastung, Kapazitätsschranke, Flußgröße und Überführungskosten gut aufeinander abgestimmt sind, den Begriff „in kilter" (man könnte das etwa mit „sinnvoll einbezogen" übersetzen). Ein Bogen (i, j) heißt „in kilter" genau dann, wenn einer der folgenden Fälle vorliegt:

$$\bar{p}_{ij} < 0 \quad \text{und} \quad x_{ij} = c_{ij},$$

$$\bar{p}_{ij} > 0 \quad \text{und} \quad x_{ij} = l_{ij},$$

$$\bar{p}_{ij} = 0 \quad \text{und} \quad l_{ij} \leq x_{ij} \leq c_{ij}.$$

Zum Beispiel im ersten Fall, bei negativen Überführungskosten, d. h. gewinnbringender Überführung, ist es sinnvoll, soviel wie möglich zu transportieren: $x_{ij} = c_{ij}$.

Liegt keiner dieser drei Fälle vor, dann heißt der Bogen *out of kilter*. Die Mathematiker konnten beweisen: *Ein Fluß ist genau dann kostenminimal, wenn ein Preisgefüge (p_i) gefunden werden kann, so daß alle Bögen in kilter sind.*

Mit anderen Worten: Solange noch ein Bogen out of kilter ist, besteht Anlaß zur Korrektur der Flüsse oder der Preise. Diesen *Out-of-kilter–Algorithmus* wollen wir an unserem Beispiel erläutern. In jedem Knoten des Graphen sitzt ein kleiner Dispatcher und schläft. Wenn er jedoch von einem seiner Nachbarn um Unterstützung gebeten wird, dann widmet er sich dieser Aufgabe mit voller Kraft und ist für niemanden mehr zu sprechen.

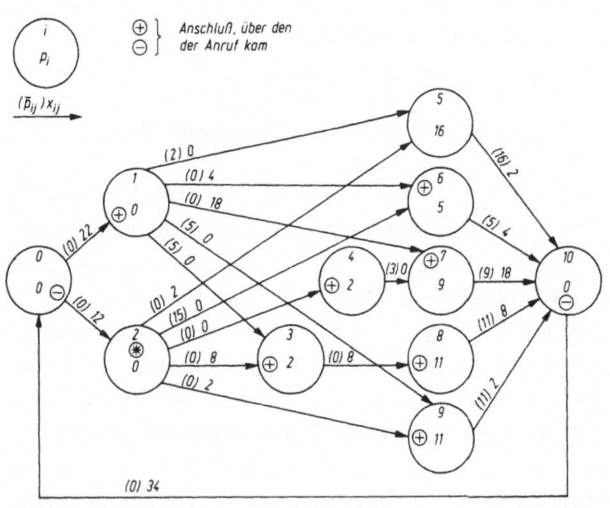

Abb. 11

Betrachten wir die Situation in Abb. 11: In den Knoten sind die Preise p_i vermerkt, an den Bögen stehen die $\bar{p}_{ij}$ und x_{ij}. Man kann nachprüfen, daß alle Bögen in kilter sind, die x_{ij} also einen kostenminimalen Transportplan angeben. Aber nun erfahren wir folgendes: Das Gleis von Nr. 2 nach Nr. 5 ist für längere Zeit nicht befahrbar. Zusätzlich zu Abb. 10 müssen wir also $c_{25} = 0$ beachten. Damit ist $x_{25} = 2$ nicht mehr zulässig und somit der Bogen (2, 5) trotz $\bar{p}_{25} = 0$ out of kilter.

Erste Grundregel: Ist ein Bogen out of kilter, dann wird derjenige der beiden Dispatcher geweckt, an dessen Knoten ein Überschuß abzubauen ist.

In unserem Fall ist das Nr. 2, denn er muß ja die beiden Einheiten Kohle loswerden, welche bisher nach Nr. 5 flossen.

Zweite Grundregel: Ein alarmierter Dispatcher ruft diejenigen seiner noch schlafenden Nachbarn an, zu denen eine Transporterhöhung möglich ist (bezüglich Kapazitätsschranke und Überführungskosten): wir sprechen hier von „Vorwärtsmarkierung". *Analog ruft er auch alle noch schlafenden Nachbarn an, die er um geringere Anlieferung bitten kann* (bezüglich Mindestauslastung und Überführungskosten): „Rückwärtsmarkierung".

Anruf von Nr. 2 bei Nr. 3: Ich möchte Dir zwei Einheiten mehr liefern (die Kapazität läßt das ja zu; die Überführungskosten sind 0), sieh mal zu, ob das geht. Anrufe von Nr. 2 bei Nr. 4 und Nr. 9 analog. Anruf von Nr. 2 bei Nr. 0: Ich möchte von Dir zwei Enheiten Kohle weniger beziehen (die Mindestauslastung 0 wäre damit noch lange nicht unterschritten; die Überführungskosten sind 0), sieh mal zu, ob das geht. Mehr kann Nr. 2 nicht tun. Insbesondere ruft er Nr. 6 nicht an, denn dorthin sind die Überführungskosten positiv, einen erhöhten Fluß dorthin darf er bei den vorliegenden Preisen nicht anstreben.

Nun verfolgen wir die Arbeit von Nr. 3: Anruf bei Nr. 8 mit der Bitte um Übernahme *einer* weiteren Einheit (denn 8 fließen schon, und 9 ist die Kapazitätsschranke). Mehr kann Nr. 3 nicht tun. Insbesondere kann der Zustrom von Nr. 1 aus nicht gesenkt werden, weil von dort nichts kommt.

Die alarmierten Dispatcher Nr. 4, 8 und 9 können nicht helfen, denn auf den von ihnen wegführenden Bögen sind die Überführungskosten positiv, Flußerhöhung würde somit zu Kostenerhöhung führen.

Anruf von Nr. 0 bei Nr. 1: Angebot, zwei Einheiten mehr zu liefern. Anruf von Nr. 0 bei Nr. 10: Bitte, den Zufluß von Nr. 10 nach Nr. 0 um zwei Einheiten zu senken.

Anrufe von Nr. 1 bei Nr. 6 und Nr. 7: Angebot, zwei Einheiten mehr zu liefern.

Die Dispatcher Nr. 6 und Nr. 7 können jedoch nichts machen, denn die in Frage kommenden Nachbarn sind bereits alarmiert, sind für Nr. 6 bzw. Nr. 7 also nicht mehr zu sprechen. Auch Nr. 10 kann nichts tun. Der einzige noch schlafende Nachbar ist Nr. 5, und von dort aus kann der Zustrom nicht gesenkt werden, weil er bereits der Mindestauslastung entspricht.

Wir sehen, daß es so nicht weitergeht. Der noch schlafende Dispatcher am Out-of-kilter-Bogen, die Nr. 5, wird nicht erreicht: „kein Durchbruch".

Dritte Grundregel: Bricht der Alarmierungsprozeß ohne Durchbruch ab, so sind zwei Fälle zu unterscheiden: Eine Preisveränderung kann Abhilfe schaffen – dann werden die Preise bei allen noch schlafenden Dispatchern um den gleichen Betrag erhöht, nämlich genau soweit, daß einer von ihnen alarmiert werden kann. Oder eine Preisveränderung hilft nichts (die Alarmierung brach unabhängig von den Preisen ab, wegen Mindestauslastungen bzw. Kapazitätsschranken), *dann ist das Flußproblem unlösbar.*

In unserem Beispiel schläft nur noch Nr. 5. Von Nr. 10 kann er aus Sicht der Mindestauslastung nicht gerufen werden. Aber für Nr. 1 waren nur die positiven Überführungskosten der Grund, Nr. 5 nicht anzurufen. Die geringste sinnvolle Preiserhöhung in Nr. 5 ist die um zwei Geldeinheiten: bisher war $\bar{p}_{15} = p_1 + p_{15} - p_5 = 0 + 18 - 16 = 2$, durch die Veränderung ergibt sich $0 + 18 - 18 = 0$. Also kann nun Nr. 1 die Nr. 5 anrufen und ihm zwei Einheiten anbieten: Durchbruch! Und hier sogar gleich mit der gesamten Menge von zwei Einheiten, um die es geht.

Vierte Grundregel: Gelingt der Durchbruch, also das Alarmieren des anderen Dispatchers am Out-of-kilter-Bogen, *dann wird von diesem aus die Alarmierungskette rückwärts verfolgt bis zum Auslösenden. Diese Kette bildet zusammen mit dem Out-of-kilter-Bogen einen Zyklus. Auf diesem wird der Fluß um den geringsten Wert verändert, der bei den Anrufen längs dieses Zyklus zur Sprache kam.*

Man kann relativ leicht sehen, daß dabei die Divergenzfreiheit erhalten bleibt und das „Out of kilter" wenn schon nicht beseitigt, so doch zumindest gemildert wird. Die Hauptleistung der Erfinder bestand in dem Beweis, daß mit diesem Verfahren bei gegebenen Daten aus dem Bereich der rationalen Zahlen stets endlich viele Korrekturrunden zur Lösung ausreichen (bzw. zum Erkennen der Unlösbarkeit).

In unserem Beispiel verfolgen wir: Nr. 5 von Nr. 1 angerufen, Nr. 1 von Nr. 0, Nr. 0 von Nr. 2 – also Zyklus $2 - 0 - 1 - 5 - 2$. Auf den Rückwärtsbögen $(0, 2)$ und $(2, 5)$ wird der Fluß um zwei Einheiten verringert, auf den Vorwärtsbögen $(0, 1)$ und $(1, 5)$ um zwei Einheiten erhöht. Mit anderen Worten: Die Schwelerei wird aus dem anderen Tagebau beliefert. In der neuen Variante sind alle Bögen in kilter, d. h., eine Optimallösung ist erreicht. Abb. 12 zeigt die entsprechende Optimallösung. An den Bögen stehen die neuen $\bar{p}_{ij}$ und x_{ij}, an den Knoten die neuen p_i.

Die Einschränkung „rationale Zahlen" ist in der Praxis ohne Bedeutung.

Man wird die Mengeneinheit sogar so wählen, daß alle Daten ganzzahlig sind, z. B. „Kohlezüge mit 12 Wagen". Der Out-of-kilter–Algorithmus liefert dann eine ganzzahlige Lösung, so daß man keine verkürzten Züge oder gar unvollständig gefüllte Wagen braucht.

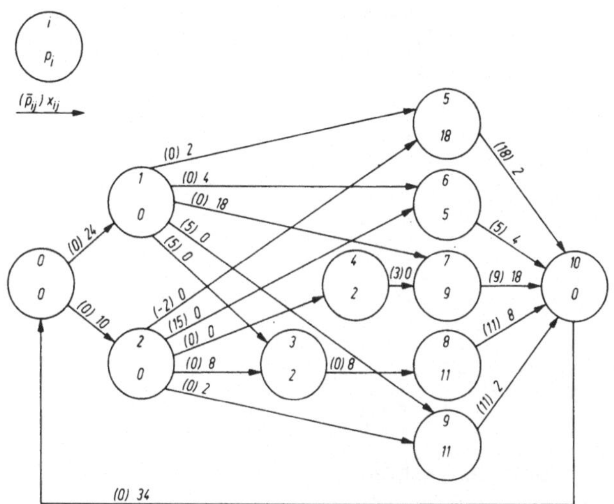

Abb. 12

Partnerwahl nach dem gleichen Prinzip

Sigrun kommt ziemlich aufgeregt von der Tanzstunde nach Hause und erzählt ihrem Vater: „Wir sind 12 Mädchen und 12 Jungen. Jeder hat ein paar Partner, mit denen er gern tanzt, und das war bisher immer ganz schön. Aber nun verlangen die Eltern von Romeo und Julia, daß sich die beiden aus dem Wege gehen sollen. Alles wurde umorganisiert, und ich habe diesen Egoisten Thomas abbekommen. Gib doch der Tanzlehrerin mal einen Tip, wie sie das besser einteilen kann."

Der Vater läßt sich von Sigrun sagen, welche Paare sich mögen (gestrichelte Linien in Abb. 13) und zeichnet alle jene Linien in der Skizze voll aus, die der bisherigen Einteilung entsprechen.

Nun ergänzen unsere beiden das zu einem Flußproblem: Es wird ein Knoten 0 hinzugefügt und mit den Jungenknoten Nr. 1 bis Nr. 12 verbunden. Alle Mädchenknoten Nr. 13 bis Nr. 24 werden mit einem neuen Knoten Nr. 25

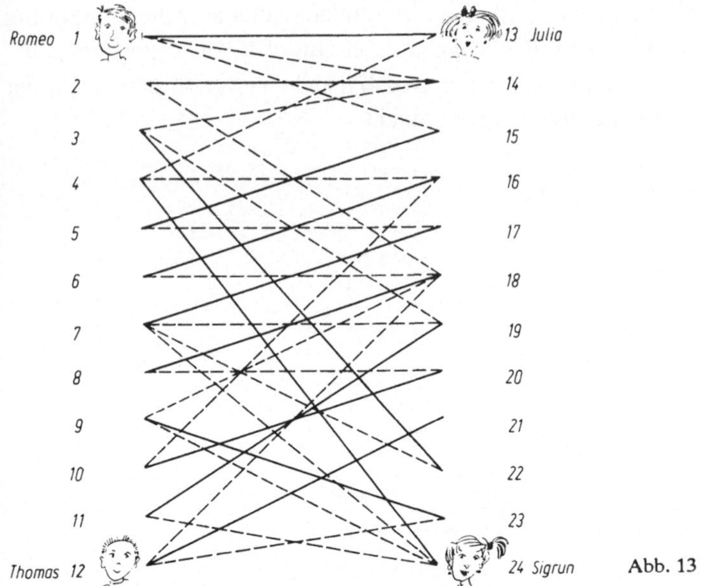

Abb. 13

verbunden und dieser mittels Rückkehrbogen mit Nr. 0. Alle Bögen außer dem Rückkehrbogen ($c_{25,0} = \infty$) erhalten die Kapazitätsschranke $c_{ij} = 1$. Somit kann durch keine Person mehr als 1 fließen, keiner wird mehrfach eingeteilt. Die Bögen von den Mädchen zu Nr. 25 erhalten $l_{ij} = 1$, damit kein Mädchen ohne Partner bleibt. Alle Kosten werden als 0 aufgefaßt, auch die Knotenbewertungen p_i. Auf dem Rückkehrbogen gilt $x_{25,0} = 12$, ansonsten bedeuten durchgezogene Bögen in Abb. 14 solche mit $x_{ij} = 1$, gestrichelte solche mit $x_{ij} = 0$. Es sind alle Überführungskosten 0 und somit alle Bögen in kilter.

Nun weiß Sigrun selbst, was zu tun ist: $c_{1,13} = 0$ setzen, die Verbindung von Romeo zu Julia ist dann wegen $x_{1,13} = 1$ out of kilter, und der Algorithmus beginnt.

Romeo (Nr. 1) bittet Nr. 14 und Nr. 15 um Hilfe (Vorwärtsmarkierung, Nr. 14 und Nr. 15 erhalten die Marke 1^+, da sie von Nr. 1 angesprochen wurden). Die Rückwärtsmarkierung von Nr. 0 durch Nr. 1 ist unwesentlich, bei $l_{01} = 1$ würde sie gar nicht erst auftreten. Nr. 14 fragt Nr. 2, ob er mit jemand anderem tanzen könnte (Rückwärtsmarkierung), Nr. 15 fragt entsprechend Nr. 5. Dann wendet sich Nr. 5 an Nr. 17, diese an Nr. 7, dieser an Nr. 19, 22 und 24. Nr. 24 wendet sich an Nr. 4 und dieser unter anderm an Nr. 13 = Julia: Durchbruch!

Verfolgt man die Markierungen rückwärts, $13-4-24-7-17-5-15-1$, so erhält man zusammen mit dem Out-of-kilter-Bogen $(1, 13)$ jenen Zyklus, auf dem man nun die gestrichelten Linien durchziehen und die durchgezogenen stricheln muß. Nun ist alles in Ordnung. Es gibt also trotz der Trennung von Romeo und Julia eine Zuordnung, bei der nur solche Partner Paare bilden, die sich mögen: $(1, 15)$, $(2, 14)$, $(3, 22)$, $(4, 13)$, $(5, 17)$, $(6, 16)$, $(7, 24)$, $(8, 18)$, $(9, 23)$, $(10, 20)$, $(11, 19)$, $(12, 21)$. Sigrun freut sich.

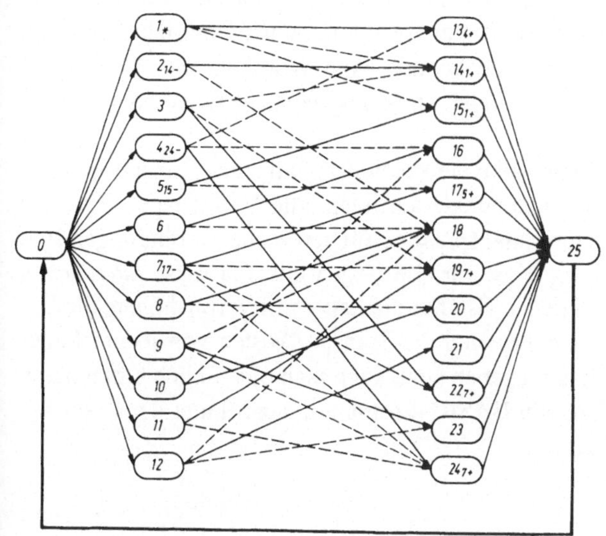

Abb. 14

„Das ist noch gar nichts", sagt ihr Vater, „wir haben ja noch nicht einmal Kosten verwendet. Wir hätten alle Bögen, oder wenigstens die zu Dir führenden, auch noch mit unterschiedlichen p_{ij} versehen können (niedrige Zahlen bei besonders großer Sympathie). Dann hätten wir, falls mehrere Zuordnungen möglich sind, sogar eine besonders schöne errechnen können."
Sigrun überlegt, ob sich der Konflikt zwischen Romeo und Julia statt durch $c_{1,13} = 0$ dann nicht auch durch $p_{1,13} = \infty$ hätte darstellen lassen, und sie hat recht.
Der Durchbruchszyklus kann wegen $l_{ij} = c_{ij}$ auf den nach Nr. 25 führenden Bögen niemals über diese und somit auch nicht über den Rückkehrbogen laufen. Unsere Überlegungen lassen sich also auch gleich an Abb. 13 verfolgen. Sind dagegen mehr Mädchen als Jungen da, kann man nicht mehr

$l_{ij} = 1$ für alle Bögen nach Nr. 25 fordern (sondern stattdessen auf den von Nr. 0 wegführenden). Ein Zyklus über Nr. 25 beinhaltet dann, daß eine Tänzerin zur Nichttänzerin und eine Nichttänzerin zur Tänzerin wird.

Transport- und Zuordnungsprobleme überall

Solche *Zuordnungsprobleme* wie in unserer Tanzstunde entstehen auch, wenn Schüler Lehrstellen, Sportmannschaften Spielpartner, zusammenzustellende Züge Gleise auf dem Rangierbahnhof, Industriebetriebe Standorte ... erhalten sollen. Die Kosten können dann Wünsche oder Eignungen, Entfernungen, Rangierbewegungen, standortspezifische Baukosten ... ausdrücken.

Diese Zuordnungsprobleme sind der speziellste Fall jener Transportprobleme, bei denen keine Umladepunkte auftreten, alle Vorratslager mit allen Bedarfspunkten verbunden sind ($p_{ij} = \infty$ für verbotene Verbindungen sind möglich) und $l_{ij} = 0$, $c_{ij} = \infty$ für alle Bögen gilt. Für diese *klassischen Transportprobleme*, bei denen also nur die Lager mit Vorratshöhen, die Bedarfspunkte mit Bedarfshöhen und die Transportkosten von jedem Lager zu jedem Bedarfspunkt anzugeben sind, kann man einen noch einfacheren Algorithmus anwenden. Ein BASIC–Programm dazu findet der Leser am Ende des folgenden Kapitels.

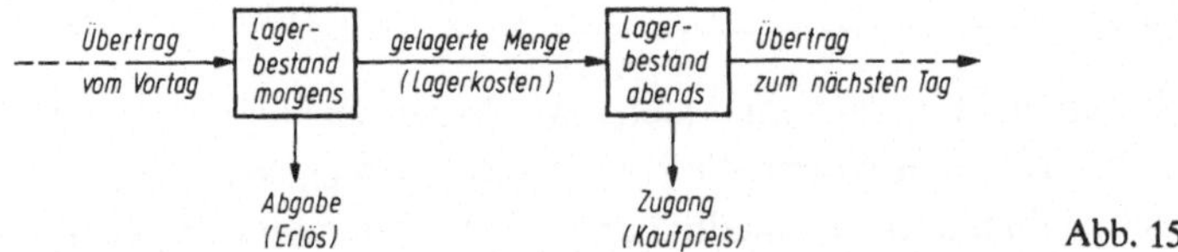

Abb. 15

Flußprobleme mit Umladepunkten treten u. a. auch in der *Lagerhaltung* auf. Dort benutzt man für jeden Tag des zu betrachtenden Zeitintervalls zwei Knoten in der in Abb. 15 angegebenen Konstellation. Durch die l_{ij} und c_{ij} können für jeden Tag Schranken für Lagerung, Umschlag, Lieferfähigkeit, Aufnahmefähigkeit vorgegeben werden.

△ Programm „Transportoptimierung auf Graphen"
Bestimmung eines zulässigen kostenminimalen Flusses in einem Graphen, in welchem Vorratslager, Bedarfspunkte und weitere Knoten zugelassen sind, bei Einhaltung gegebener Schranken
auf den Transportwegen.

```
2000 CLS:PRINT "TRANSPORTOPTIMIERUNG "
2010 PRINT "AUF GERICHTETEN GRAPHEN"
2020 PRINT:INPUT "KNOTENZAHL   ";N:N=N+2
2030 INPUT "BOGENZAHL    ";BZ:DIM NK(N)
2040 INPUT "QUELLENZAHL ";QZ:M=BZ+QZ
2050 INPUT "SENKENZAHL   ";SZ:M=M+SZ+1
2060 DIM BA(M),BE(M),SU(M),SO(M),C(M)
2070 DIM C1(M),F(M),MA(N),EP(N),P(N)
2080 U=1E7:DEF FNMI(Y)=(W+Y-ABS(W-Y))/2
2090 CLS:LOCATE 4,26:PRINT "ENTER==>0"
2100 LOCATE 5,26:PRINT "ENTER==>UNENDL"
2110 WINDOW 2,8,2,25:FOR K=1 TO BZ
2120 CLS:PRINT "BOGEN",K:SO(K)=U
2130 INPUT "    VON KNOTEN ";BA(K)
2140 INPUT "   NACH KNOTEN ";BE(K)
2150 INPUT "UNTERE SCHRANKE ";SU(K)
2160 INPUT " OBERE SCHRANKE ";SO(K)
2170 INPUT "         KOSTEN ";C(K):NEXT
2180 WINDOW:CLS:PRINT "QUELLE,VORRAT"
2190 FOR K=BZ+1 TO BZ+QZ:BA(K)=N-1
2200 INPUT "    ";BE(K);SO(K):NEXT
2210 PRINT:PRINT " SENKE,BEDARF"
2220 FOR K=BZ+QZ+1 TO M-1:BE(K)=N
2230 SO(K)=U:INPUT "   ",BA(K);SU(K)
2240 NEXT:BA(M)=N:BE(M)=N-1:SO(M)=U:V=0
2250 PRINT:PRINT "BITTE WARTEN":KB=1
2260 FOR K=1 TO M:I=BA(K):J=BE(K)
2270 C1(K)=C(K)+P(I)-P(J):NEXT
2280 FOR I=0 TO N:MA(I)=0:EP(I)=0
2290 NK(I)=0:NEXT:I=BA(KB):J=BE(KB):D=0
2300 D1=F(KB)-SU(KB):D2=SO(KB)-F(KB)
2310 IF C1(KB)>0 THEN D=D1:GOTO 2350
2320 IF C1(KB)<0 THEN D=-D2:GOTO 2350
2330 IF D1<0 THEN D=-D2
2340 IF D2<0 THEN D=D1
2350 IF D<0 THEN NK(0)=I:GOTO 2430
2360 IF D>0 THEN NK(0)=J:GOTO 2430
2370 KB=KB+1:IF KB<=M GOTO 2280
2380 CLS:PRINT "OPTIMALLOESUNG":PRINT
2390 PRINT "VON","NACH","MENGE"
2400 FOR K=1 TO BZ:L=F(K):D=D+C(K)+L
2410 IF L>0 THEN PRINT BA(K),BE(K),L
2420 NEXT:PRINT"OPTIMALWERT   ";D:GOTO 2750
2430 EP(J)=ABS(D):MA(J)=-SGN(D)*NK(0)
2440 NK(1)=J:K1=1:K2=1:K=0:R=NK(0)
2450 IF NK(K2)=0 THEN W=U:GOTO 2700
2460 I=NK(K2):K2=K2+1
2470 K=K+1:IF K>M THEN K=0:GOTO 2450
2480 IF BA(K)<>I AND BE(K)<>I GOTO 2470
2490 IF K=KB GOTO 2470:ELSE D=1:W=0
2500 D1=F(K)-SU(K):D2=SO(K)-F(K):V=C1(K)
2510 IF BA(K)=I THEN J=BE(K):GOTO 2530
2520 J=BA(K):V=-V:D=D1:D1=D2:D2=D:D=-1
2530 IF MA(J)<>0 GOTO 2470
2540 IF V<=0 AND D2>0 THEN W=D2
2550 IF V>0 AND D1<0 THEN W=-D1
2560 IF W=0 GOTO 2470:ELSE MA(J)=D*I
2570 EP(J)=FNMI(EP(I)):K1=K1+1:NK(K1)=J
2580 IF J<>R GOTO 2470:ELSE W=EP(R)
2590 IF MA(R)>0 THEN I=MA(R):J=R:D=1
2600 IF MA(R)<0 THEN I=R:J=-MA(R):D=-1
2610 R=D*MA(R):GOSUB 2630:F(K)=F(K)+D*W
2620 IF R=NK(0) GOTO 2280:ELSE GOTO 2590
2630 IF BA(K)=I AND BE(K)=J THEN RETURN
2640 K=K-M*INT(K/M)+1:GOTO 2630
2650 I=MA(BA(K)):J=MA(BE(K))
2660 IF I*J OR (I=0 AND J=0) GOTO 2700
2670 IF J THEN D=F(K)-SU(K):V=-C1(K)
2680 IF I THEN D=SO(K)-F(K):V=C1(K)
2690 IF V>0 AND D>=0 THEN W=FNMI(V)
2700 K=K+1:IF K<=M GOTO 2650
2710 IF W<U THEN I=0:GOTO 2730
2720 PRINT"AUFGABE UNLOESBAR":GOTO 2750
2730 I=I+1:IF MA(I)=0 THEN P(I)=P(I)+W
2740 IF I<N GOTO 2730:ELSE GOTO 2260
2750 PRINT:PRINT "WEITER (J)?";
2760 INPUT "";W$:IF W$<>"J" GOTO 2760
2770 RUN
```

Wohngebäude – Wanderrouten – Optimierung auf Graphen

Das Problem, welches uns in diesem Kapitel beschäftigen soll, stammt aus der Bauwirtschaft. Bekanntlich genügt es nicht, immer neue Gebäude zu errichten – die vorhandenen müssen auch erhalten werden. Das bedeutet zum einen, Gebäude als Ganzes, sozusagen die äußere Hülle der Wohnungen, instandzuhalten. Zum anderen müssen die Wohnungen selbst gepflegt und im Bedarfsfall repariert werden.

Die zur Verfügung stehenden Mittel sind begrenzt, und sie sollen möglichst effektiv eingesetzt werden. So entstand die Idee, die Organisation der Werterhaltung mit mathematischen Hilfsmitteln zu unterstützen. Wir beschränken uns im folgenden auf den zweiten Teil des Problems, auf die Erhaltung der Wohnungen.

Das Modell

Bereits bei der Modellierung, d. h. bei der mathematischen Beschreibung des Sachverhaltes, ergeben sich Schwierigkeiten. Es gibt große und kleine Wohnungen; Mängel oder Schäden können sehr unterschiedlicher Natur sein. Für Reparaturen braucht man in der Regel außer Geld auch Handwerker und Material. Wollten wir aber ein die Wirklichkeit exakt widerspiegelndes Modell aufstellen, dann wäre dies am Ende so kompliziert wie die Wirklichkeit selbst, und auch im Zeitalter der modernen Rechentechnik könnten wir damit nicht viel anfangen. Unser Modell muß also vereinfacht werden, und genau das gehört zum Wesen der Modellierung. Beispiele für solche Vereinfachungen kennen Sie bereits aus den ersten Kapiteln.

Die Bearbeiter haben sich für ein Modell entschieden, das der Wirklichkeit nur in groben Zügen entspricht. Sein Vorteil (für den Mathematiker) besteht darin, daß man am Ende wirklich etwas ausrechnen kann. Sein Nachteil (für

Abb. 16

den Praktiker) ist hingegen, daß die Ergebnisse nur in begrenztem Maße zur Unterstützung von Entscheidungen herangezogen werden können.

Wir vernachlässigen zunächst die Größenunterschiede zwischen den einzelnen Wohnungen und operieren mit einer „Einheitswohnung", die im folgenden als *Wohneinheit* bezeichnet wird. Den Erhaltungszustand der Wohneinheiten machen wir dadurch meßbar, daß wir sie in Qualitätsklassen einteilen. Das Problem der Einstufung einer konkreten Wohnung in eine bestimmte Qualitätsklasse liegt auf einer anderen Ebene, wir sparen es hier aus. Die Einteilung erfolgt so, daß eine Wohneinheit durch natürliches „Abwohnen" im Laufe eines Jahres stets in die nächstschlechtere Qualitätsklasse übergeht.

Um eine Wohneinheit in der gleichen Qualitätsklasse zu halten oder in eine bessere zu bringen, ist Geld nötig. Der Aufwand ist um so größer, je mehr Qualitätsklassen eine Wohneinheit angehoben werden soll.

Die Planung erstreckt sich über mehrere Jahre, in der Regel 10 bis 12. Der Zustand der Gesamtheit der Wohnungen wird für jedes Jahr durch eine Verteilung der Wohneinheiten auf die Qualitätsklassen beschrieben. Für jedes Jahr ist zu entscheiden, wie viele Wohnungen aus einer bestimmten Qualitätsklasse in eine andere übergeführt werden. Allerdings sind dabei noch äußere Bedingungen (mathematisch gesprochen: Nebenbedingungen) zu berücksichtigen. Diese bestehen darin, daß für jedes Jahr eine bestimmte Geldsumme zur Verfügung steht, die nicht überschritten werden kann.

Es muß nun noch das Ziel formuliert werden. Dazu denken wir uns – außer der bekannten Verteilung von Wohneinheiten auf Qualitätsklassen zu Beginn – auch die Verteilung für das Ende des Zeitraumes vorgegeben. Folglich ist zu entscheiden, ob diese Verteilung bei Einhaltung der jährlich vorgegebenen Mittel erreicht werden kann, und wenn das möglich ist, dann muß berechnet werden, wie dies mit minimalen Gesamtkosten erreichbar ist.

Ein Beispiel

Wir verdeutlichen uns diese Modellierung und die anschließende mathematische Bearbeitung an einem kleinen Beispiel.

Wir verwalten 50 Wohneinheiten und planen für einen Zeitraum von drei Jahren. Die Verteilung der Wohneinheiten auf die Qualitätsklassen zu Beginn des ersten Jahres und die gewünschte Verteilung am Ende des dritten Jahres entnehmen Sie Tab. 1.

Klasse	1	2	3	4	5	
Anfang 1. Jahr	12	15	10	8	5	
Ende 3. Jahr	15	17	12	5	1	Tab. 1

Wir rechnen mit fünf Qualitätsklassen, „1" ist die beste und „5" die schlechteste. In den einzelnen Jahren stehen folgende Mittel zur Verfügung: 1. Jahr 2400 DM, 2. Jahr 2600 DM, 3. Jahr 3000 DM. Der Aufwand für die Verbesserung der Qualität beträgt bei Anhebung um eine Klasse 150 DM, bei einer Anhebung um zwei, drei und vier Klassen 320 DM, 510 DM bzw. 720 DM. Um eine Wohneinheit in ihrer Qualitätsklasse zu halten, müssen jährlich 40 DM aufgewandt werden. Die Verschlechterung um eine Klasse und der Verbleib in der 5. Klasse kosten nichts, eine Verschlechterung um mehr als eine Klasse ist nicht möglich. Ist die geplante Endverteilung erreichbar? Wenn ja, wie? Das Problem läßt sich als *lineare Optimierungsaufgabe* formulieren (siehe auch Kapitel „Benzin"). Allerdings erhalten wir bei unserem kleinen Beispiel bereits eine Aufgabe mit 67 Variablen (je 5 für die Verteilungen am Ende des 1. und 2. Jahres, dreimal 19 für die Zahl der Übergänge aus einer Klasse in die andere), 30 Nebenbedingungen in Form von Gleichungen (als Bilanzen zwischen den Zustands- und Übergangsvariablen) und drei Nebenbedingungen in Form von Ungleichungen (für die finanziellen Mittel). Bei einem Problem mit 56 Qualitätsklassen (das ist realistisch) und einem Zeitraum von 10 Jahren hätten wir rund 17000 Variable und 1100 Gleichungsnebenbedingungen. Wegen dieses ziemlich großen Aufgabenformats suchten wir nach einer Möglichkeit, die Aufgabe in Teilprobleme zu zerlegen und sozusagen portionsweise zu lösen.

Dazu veranschaulichen wir uns zunächst das Beispiel an einem Graphen (Abb. 17, zum Graphenbegriff vgl. Kapitel „Kohlezüge").

Jede senkrechte Achse entspricht einem Jahr, jeder Knoten einer Qualitätsklasse. Die Verteilung auf die Klassen am Anfang des ersten und am Ende des dritten Jahres entsprechend Tab. 1 ist eingetragen. Der Zustand einer Wohneinheit im Laufe der Jahre läßt sich als Bahn von links nach rechts – von Knoten zu Knoten – darstellen. Für eine Wohneinheit, die am Anfang zur Klasse 4 gehört und am Ende in Klasse 2 sein soll, sind in Abb. 17 solche Bahnen eingezeichnet.

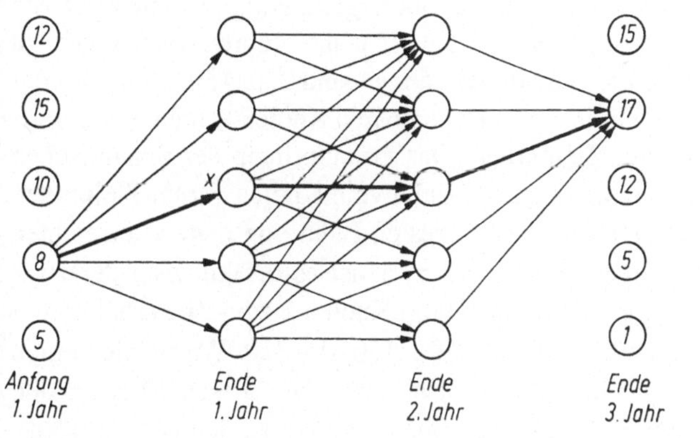

Abb. 17

Längs jeder Bahn entstehen Kosten in unterschiedlicher Höhe. Vernünftigerweise wird man nun stets nach dem Übergang mit den geringsten Kosten suchen. Damit erhalten wir das erste Teilproblem: Von jeder Anfangsklasse ist eine kostenminimale Bahn zu jeder Endklasse gesucht.

Erstes Teilproblem: Kürzeste Bahnen in Graphen

In der Graphentheorie ist es üblich, die beim Übergang von einem Knoten zum anderen entstehenden Kosten als Weglänge zu interpretieren. In unserem Beispiel hat also ein im Bild horizontaler Bogen die Länge 40, ein um eine Klasse nach unten führender Bogen hat die Länge 0, und nach oben führende Bögen haben die Längen 150, 320, 510 bzw. 720.

Das Problem der kürzesten Bahn in einem Graphen läßt sich mit der Methode der *dynamischen Optimierung* lösen, über die Sie im Kapitel „Kühe" mehr erfahren können. In unserem Fall schreiben wir an jeden Knoten die Länge der kürzesten Bahn zum Ziel und markieren den Bogen, mit dem sie beginnt. (Nehmen Sie doch einfach Bleistift und Papier, um die Rechnung nachzuvollziehen!)

Wir beginnen am Ziel, wo wir die Weglänge 0 eintragen (weil wir schon da sind) und keinen Bogen markieren. Nun schreiben wir an jeden Knoten der vorhergehenden Stufe die Länge des Bogens, der zum Ziel führt (dies sind von oben nach unten 0, 40, 150, 320 und 510) und markieren diesen Bogen. Hier ist alles noch eindeutig.

Auf der nächsten Stufe ist etwas mehr Überlegung nötig. Nehmen wir den in Abb. 17 mit x bezeichneten Knoten. Von ihm führen vier Bögen zu Knoten der nächsten Stufe, und deren Längen sind 320, 150, 40, 0 (wieder von oben nach unten). Für jeden so erreichbaren Knoten kennen wir bereits den kürzesten Weg zum Zielknoten. Das Grundprinzip der dynamischen Optimierung besagt, daß die kürzeste Bahn vom Knoten x zum Zielknoten aus einem Anfangsbogen und der kürzesten Bahn von dem so erreichten Knoten aus zusammengesetzt ist, und zwar ist es die kürzeste derartige Bahn. Für die vier möglichen Bahnen vom Knoten x zum Ziel erhalten wir daher die Längen 320 + 0, 150 + 40, 40 + 150, 0 + 320. Wir wählen einen Weg mit der kleinsten Gesamtlänge 190, schreiben diesen Wert an den Knoten x und markieren den Anfangsbogen (hier z. B. den horizontalen). Genauso verfahren wir mit den anderen Knoten dieser Stufe und erhalten die Bahnlängen 40, 80, 190 (Knoten x), 300, 470. Jetzt ist noch der Startknoten übrig, für den wir unter den Bahnlängen 510 + 40, 320 + 80, 150 + 190, 40 + 300, 0 + 470 die kürzeste suchen. Wir schreiben also 340 an den Startknoten und markieren (z. B.) den zum Knoten x führenden Bogen.

Wenn wir nun von links nach rechts die markierten Bögen verfolgen, dann erhalten wir eine kürzesten Bahn vom Start- zum Zielknoten. Für unser

Problem besagt das Ergebnis: Um eine Wohneinheit im Laufe von drei Jahren aus der Klasse 4 in die Klasse 2 zu überführen, sind 340 DM nötig; zweimal muß die Qualitätsklasse um 1 angehoben werden, und einmal ist sie zu halten. Das gilt für alle kürzesten Bahnen, ein Umstand, den wir später noch ausnutzen werden.

Zu dem gleichen Ergebnis kommt man, wenn eine kostengünstigste Bahn von Klasse 3 nach Klasse 1 oder von Klasse 5 nach Klasse 3 gesucht wird. Ebenso wie die Kosten für den Übergang von einer Klasse zur anderen hängen diese Kosten nur von der Differenz der Anfangs- und Endklasse ab. Auf diese Weise berechnen wir für jedes Paar aus Anfangs- und Endklasse einen kostenminimalen Übergang in drei Jahren. Die Ergebnisse finden Sie in Tab. 2. Für den unmöglichen Übergang von Klasse 1 in Klasse 5 wurden die Kosten gleich $+\infty$ gesetzt.

Klasse	Klasse 3. Jahr					
1. Jahr	1	2	3	4	5	
1	120	80	40	0	∞	
2	230	120	80	40	0	
3	340	230	120	80	0	
4	450	340	230	120	0	
5	620	450	340	150	0	Tab. 2

Eine Abschweifung: Wie kommt man auf dem kürzesten Weg ans Ziel?

Das im letzten Abschnitt beschriebene Verfahren zur Bestimmung kürzester Bahnen in Graphen kann man natürlich auch auf andere Probleme anwenden.

Roland und Ulrich stehen in Leipzig an der Hauptpost (Punkt A in Abb. 18) und wollen auf dem kürzesten Weg zum Warenhaus (B). Sie haben es eilig und laufen los. Ihr Weg ist in Abb. 18 eingezeichnet. Am Ziel meint Roland, daß es vielleicht auch noch einen kürzeren Weg gegeben hätte. Später erfragen sie, wie die Mathematik in solchen Situationen hilft. Die wichtigsten Kreuzungen, die Straßen und die Entfernungen stellt der Graph in Abb. 19 dar, und wir suchen eine kürzeste Bahn von A nach B.

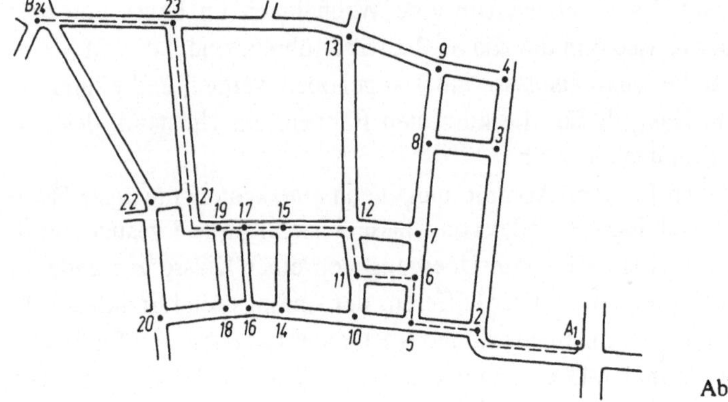

Abb. 18

Die Knoten des Graphen sind *monoton* numeriert: Jeder Bogen führt von einem Knoten mit kleinerer Nummer zu einem Knoten mit größerer Nummer. Das vorhin beschriebene Verfahren der dynamischen Optimierung läßt sich in diesem Fall besonders gut anwenden. Ob ein Graph monoton numeriert werden kann, sieht man ihm nicht ohne weiteres an. Es klappt immer dann, wenn der Graph keinen Kreis enthält (das war eine geschlossene Folge von Bögen, die alle die gleiche Richtung haben, siehe Kapitel „Kohlezüge").

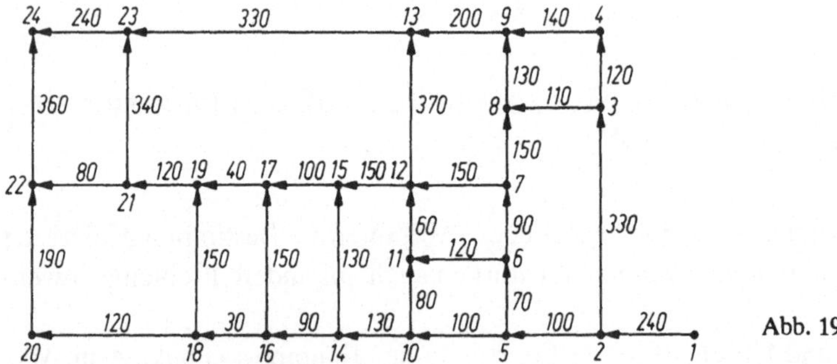

Abb. 19

Das Vorgehen ist das gleiche wie oben. Wir beginnen im Zielknoten, dem Knoten mit der höchsten Nummer. Für diesen und alle folgenden Knoten (nach fallenden Nummern sortiert) notieren wir die Länge der kürzesten Bahn zum Ziel und die Nummer des Knotens, der als nächster erreicht wird. Für den Zielknoten ist die kürzeste Entfernung 0, er hat keinen Nachfolger.

Wenn wir mit l_{ij} die Länge des Bogen vom Knoten i zum Knoten j und mit L_i bzw. L_j die kürzeste Entfernung vom Knoten i bzw. j zum Ziel bezeichnen, dann gilt: L_i ist die kleinste aller Summen $l_{ij} + L_j$, wobei j alle von i aus auf einem Bogen erreichbaren Knoten durchläuft. Sind wir beim Knoten 1 angekommen, so können wir mit Hilfe der gemerkten Nachfolger (immer das j, welches die kleinste Summe $l_{ij} + L_j$ ergibt) den kürzesten Weg vom Start- zum Zielknoten bestimmen. Versuchen Sie doch einmal, den kürzesten Weg vom Punkt A (Knoten 1) zum Punkt B (Knoten 24) zu finden. Anschließend können Sie mit den Ergebnissen in Tab. 3 vergleichen. Der kürzeste Weg ist

$$1 - 2 - 5 - 10 - 14 - 16 - 18 - 20 - 22 - 24$$

mit einer Länge von 1360 m. Der von Ulrich und Roland gewählte Weg ist 1580 m lang.

Ulrich ist aufgefallen, daß wir auch die kürzesten Bahnen zum Ziel für solche Knoten ausgerechnet haben, die wir dann gar nicht passieren, z. B. für Knoten 4. Das ist tatsächlich so, es ist der Preis dafür, daß wir nicht sämtliche Wege vom Start zum Ziel (in diesem Beispiel wären es 19) finden, ihre Längen berechnen und dann noch vergleichen müssen.

Knoten	Weglänge	Nachfolger	Knoten	Weglänge	Nachfolger	Knoten	Weglänge	Nachfolger
24	0	–	16	700	18	8	900	9
23	240	24	15	700	17	7	1000	12
22	360	24	14	790	16	6	1030	11
21	440	22	13	570	23	5	1020	10
20	550	22	12	850	15	4	910	9
19	560	21	11	910	12	3	1010	8
18	670	20	10	920	14	2	1120	5
17	600	19	9	770	13	1	1360	2

Tab. 3

Man kann auch mit dem Startknoten beginnen, zunächst die kürzeste Bahn zu jedem anderen Knoten bestimmen (diesmal in aufsteigender Folge der Knotennummern) und am Ende die gesuchte Bahn vom Ziel zurückverfolgen. Schließlich sei noch bemerkt, daß auch für Graphen ohne monotone Numerierung ähnliche Verfahren existieren. Das am Ende dieses Kapitels angegebene BASIC–Programm erlaubt die Bestimmung kürzester und längster Bahnen in Graphen. Die Knoten müssen von 1 an (aber nicht notwendig monoton) numeriert sein, die Bogenlängen dürfen auch negativ sein. Als Ergebnis erhalten wir einen vom Startknoten ausgehenden *Baum* kürzester bzw. längster Bahnen und eine Liste der nicht erreichbaren Knoten.

Zurück zu unserem Thema: Zweites Teilproblem

Wir erinnern uns: Für jedes Paar (i, j) von Qualitätsklassen kennen wir die mindestens aufzuwendenden Kosten p_{ij}, um in drei Jahren den Übergang von Klasse i zu Klasse j auszuführen (Tab. 2).

Das zweite Teilproblem formulieren wir so: Gegeben sind die Verteilungen auf die Klassen am Anfang (a_i Wohneinheiten in Klasse i) und am Ende (b_j Wohneinheiten in Klasse j) sowie die Übergangskosten p_{ij}. Wie viele Wohneinheiten sind aus Klasse i in Klasse j ($i, j = 1, \ldots, 5$) zu überführen, damit die Anfangs- in die Endverteilung übergeht und die Gesamtkosten minimal werden?

Wenn wir die Anzahl der aus Klasse i in Klasse j zu überführenden Wohneinheiten mit x_{ij} bezeichnen und diese wie die p_{ij} in einer Tabelle (oder einer Matrix, vgl. Kapitel „Benzin") anordnen, so sehen wir:

In jeder Zeile i dieser Tabelle muß die Summe der x_{ij} gleich der Anzahl a_i sein, und in jeder Spalte j muß die Summe der x_{ij} gleich b_j sein. Die Gesamtkosten ergeben sich als Summe aller Produkte $p_{ij}x_{ij}$, sie sollen minimiert werden. Damit erhalten wir die lineare Optimierungsaufgabe

$$\sum_{i,j} p_{ij}x_{ij} = \text{Minimum!}$$

$$\sum_{j=1}^{5} x_{ij} = a_i \qquad (i = 1, \ldots, 5),$$

$$\sum_{i=1}^{5} x_{ij} = b_j \qquad (j = 1, \ldots, 5),$$

$$x_{ij} \geq 0 \qquad (i, j = 1, \ldots, 5).$$

Aufgaben dieses Typs heißen *Transportprobleme*, gelegentlich werden sie nach dem amerikanischen Mathematiker F. L. HITCHCOCK (1875–1957) benannt. Zu ihrer Lösung gibt es eine spezielle Version des Simplexalgorithmus. Man kann sie aber auch als *Flußproblem* auf einem Graphen, genau wie im Kapitel „Kohlezüge", formulieren und lösen. Wenn wir aus Abb. 17 das Innere des Planungszeitraumes „herausschneiden" und alle Knoten der linken Seite mit allen Knoten der rechten Seite verbinden (einzige Ausnahme: keine Verbindung von 1 nach 5), dann haben wir den Graphen, in dem die Wohneinheiten von der linken Seite auf die rechte „fließen" sollen. Die dabei anfallenden Kosten sind gerade unsere p_{ij}, Kapazitätsschranken gibt es nicht. Das Transportproblem kann dann mit dem im Kapitel „Kohlezüge" beschriebenen *Out-of-kilter–Algorithmus* gelöst werden. Eine Lösung des Problems für unser kleines Beispiel zeigt Tab. 4 (die leeren Felder enthalten eine 0), die minimalen Kosten sind 7 650 DM.

Klasse	Klasse 3. Jahr				
1. Jahr	1	2	3	4	5
1	12				
2	3	12			
3		5	5		
4			7	1	
5				4	1

Tab. 4

Von den jährlich zur Verfügung stehenden Mitteln war bisher noch gar nicht die Rede. Insgesamt haben wir (im Beispiel) 8 000 DM, also mehr, als die oben gefundene Lösung verbraucht. Das heißt aber nicht, daß die Lösung entsprechend Tab. 4 auch realisierbar ist. Ob und wie das geht, ist unser letztes Teilproblem.

Drittes Teilproblem

Wir wissen nun, daß z. B. drei Wohneinheiten aus der Klasse 2 (zu Beginn des ersten Jahres) in die Klasse 1 (am Ende des dritten Jahres) überführt werden müssen. Dazu ist einmal eine Anhebung um eine Klasse und zweimal das Halten der Klasse nötig, um mit geringsten Kosten auszukommen. In welchem Jahr die Anhebung der Qualitätsklasse erfolgt, ist zunächst unwesentlich. Somit können wir aus drei Varianten für den Übergang 1 → 3 wählen. Genauso verhält es sich mit den Übergängen 3 → 2 und 4 → 3. Für die Übergänge $1 \rightarrow 1$, $2 \rightarrow 2$, $3 \rightarrow 3$, $4 \rightarrow 4$, $5 \rightarrow 4$ und $5 \rightarrow 5$ gibt es jeweils nur eine optimale Möglichkeit. Da dies (vgl. Tab. 4) insgesamt 35 der 50 Wohneinheiten betrifft, sind für die beiden ersten Jahre je $30 \cdot 40 = 1200$ DM und für das dritte Jahr $30 \cdot 40 + 4 \cdot 150 = 1800$ DM bereits fest verplant. Die verbleibenden 15 Wohneinheiten, die eine einmalige Anhebung der Qualitätsklasse um 1 erfordern, zerlegen wir in drei Gruppen, je nach dem Jahr, in dem die Anhebung erfolgt. Wenn wir deren Anzahlen mit z_1, z_2 und z_3 bezeichnen, so muß das folgende Ungleichungssystem erfüllt sein:

$$z_1 \geq 0 \quad z_2 \geq 0 \quad z_3 \geq 0$$

$$
\begin{array}{rrrrll}
z_1 + & z_2 + & z_3 & = & 15 & \text{(Wohneinheiten)} \\
150z_1 + & 40z_2 + & 40z_3 & \leq & 1200 & \text{(Bilanz 1. Jahr)} \\
40z_1 + & 150z_2 + & 40z_3 & \leq & 1400 & \text{(Bilanz 2. Jahr)} \\
40z_1 + & 40z_2 + & 150z_3 & \leq & 1200 & \text{(Bilanz 3. Jahr)}
\end{array}
$$

Die Zahlen auf der rechten Seite ergeben sich aus den jährlichen Mitteln nach Abzug der Kosten für jene Übergänge, bei denen es keine Wahl gab. In unserem Beispiel ist das Problem damit fertig formuliert. Gibt es Wohneinheiten, die um 2, 3 oder mehr Qualitätsklassen anzuheben sind, so fassen wir diese zunächst zusammen (alle mit gleicher Differenz von Anfangs- und Endklasse – das gibt jedesmal eine weitere Gleichung) und zerlegen sie dann in Teilmengen entsprechend der Anzahl der kostenminimalen Varianten, die es für den jeweiligen Übergang gibt. Diese werden dann den Jahresbilanzen angefügt. Wenn, wie in unserem Beispiel, die Kosten für das Verbessern der Qualitätsklasse schnell anwachsen, so ist ein möglichst gleichmäßiges Verbessern der Qualität optimal. Auch über einen längeren Planungszeitraum gibt es dann nur wenige optimale Varianten. Außerdem weiß man aus der Theorie der linearen Optimierung, daß die Anzahl der tatsächlich realisierten Übergänge (im Gesamtzeitraum) kleiner ist als die doppelte Anzahl der Qualitätsklassen. In unserem Beispiel werden von 24 möglichen Übergängen nur 9 realisiert.

Gesucht ist nun eine Lösung des oben aufgeschriebenen Systems von Gleichungen und Ungleichungen. Dazu bietet sich der Simplexalgorithmus an. In unserem Beispiel mit seinen nicht allzu engen finanziellen Schranken gibt es mehrere Lösungen. Eine davon ist $z_1 = z_2 = z_3 = 5$. Schließlich ist noch auf irgendeine (im Grunde beliebige) Weise aufzuschlüsseln, für welche Wohneinheit die Qualitätsklasse im 1., 2. und 3. Jahr verbessert wird.

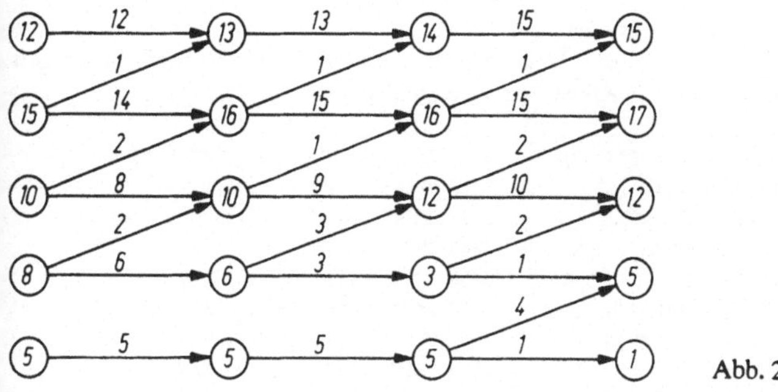

Abb. 20

Abb. 20 zeigt, analog zu Abb. 17, ein mögliches Endergebnis. Die Zahlen in den Knoten geben die Anzahlen der Wohneinheiten in den Qualitätsklassen an, die Zahlen an den Bögen bestimmen die Anzahlen der Wohneinheiten für den jeweiligen Übergang.

Eine notwendige Nachbemerkung

Wir haben in diesem Kapitel dargestellt, wie man das Problem im Prinzip lösen kann. Daß in der Realität die Anzahl der Qualitätsklassen zehnmal so groß und der Planungszeitraum dreimal so lang ist wie im Beispiel oder daß es um eine wesentlich größere Anzahl von Wohneinheiten gehen kann, ist nicht allzu wesentlich. Der Computer rechnet dann einfach entsprechend länger.

Das Verfahren besitzt dennoch einen wesentlichen Mangel: Es führt nämlich nicht immer zum Ziel. Wenn die finanzielle Schranke in einem Jahr sehr eng ist, kann es geschehen, daß die als optimal erkannten Übergänge nicht realisierbar sind. In solchen Fällen muß die im ersten und zweiten Teilschritt gefundene Lösung korrigiert und der dritte Teilschritt erneut gerechnet werden.

Nicht berücksichtigt haben wir in unserem Beispiel, daß Wohneinheiten durch Neubau hinzukommen und eventuell welche durch Abriß verschwinden. Beides läßt sich ohne Schwierigkeiten ins Modell einbringen.

△ Programm „Kürzeste und längste Bahnen"
Ermittlung des Baumes kürzester bzw. längster Bahnen, ausgehend von einem beliebigen
Startknoten im Graphen; eventuelle Kreise werden angezeigt.

```
3000 CLS:PRINT "BESTIMMUNG LAENGSTER/";
3010 PRINT "KUERZESTER BAHNEN":U=1E7
3020 V$=" POSITIVER ":W$=" LAENGSTER "
3030 A=-1:PRINT:INPUT "KNOTENZAHL  ";N
3040 DIM NI(N+1):INPUT "BOGENZAHL   ";M
3050 DIM NK(N+1):INPUT "STARTKNOTEN ";P
3060 DIM NA(M),L(M),VL(N),T(N),EG(N)
3070 PRINT:PRINT:PRINT:I=1:NI(1)=1
3080 PRINT "(ENTER=NAECHSTER KNOTEN)"
3090 WINDOW 10,15,6,32:FOR K=1 TO M
3100 J=0:CLS:PRINT "BOGEN",K
3110 PRINT " VON KNOTEN ";I
3120 INPUT " NACH KNOTEN ";J
3130 IF J<>0 THEN NA(K)=J:GOTO 3150
3140 I=I+1:NI(I)=K:GOTO 3100
3150 INPUT "  BEWERTUNG ";L(K):NEXT
3160 FOR J=I+1 TO N+1:NI(J)=M+1:NEXT
3170 WINDOW:CLS:WINDOW 10,15,6,32
3180 PRINT "KUERZESTE BAHN    1"
3190 PRINT "LAENGSTE BAHN     2"
3200 PRINT "BEIDE VARIANTEN    3":PRINT
3210 INPUT "MEINE WAHL  ";B:WINDOW:CLS
3220 PRINT "    BITTE WARTEN"
3230 IF B<>1 GOTO 3250:ELSE A=1:B=2
3240 V$=" NEGATIVER ":W$=" KUERZESTER "
3250 K1=1:K2=1:FOR I=1 TO N:T(I)=U:NEXT
3260 NK(1)=P:VL(P)=N+1:T(P)=0:EG(P)=1
3270 IF NK(K1)=0 OR K1>N GOTO 3380
3280 I=NK(K1):K1=K1+1:K=NI(I)-1
3290 K=K+1:IF K>=NI(I+1) GOTO 3270
3300 I1=I:J=NA(K):IF VL(J)>0 GOTO 3330
3310 T(J)=T(I)+L(K):VL(J)=I:K2=K2+1
3320 NK(K2)=J:EG(J)=K2:GOTO 3290
3330 IF A*(T(J)-T(I)-L(K))<=0 GOTO 3290
3340 IF I1=J GOTO 3540
3350 I1=VL(I1):IF I1<>P GOTO 3340
3360 IF EG(J)<K1 THEN K1=EG(J)
3370 VL(J)=I:T(J)=T(I)+L(K):GOTO 3290
3380 PRINT "BAUM";W$;"BAHNEN"
3390 PRINT "WURZEL  ";P,"LAENGE"
3400 FOR I=2 TO N:NK(I)=0:NEXT:K1=1:K2=1
3410 IF NK(K1)=0 OR K1>N GOTO 3470
3420 I=NK(K1):K1=K1+1:K=NI(I)-1
3430 K=K+1:IF K>=NI(I+1) GOTO 3410
3440 J=NA(K):IF VL(J)<>1 GOTO 3430
3450 K2=K2+1:NK(K2)=J:PRINT I;
3460 PRINT "-";J,T(J):GOTO 3430
3470 PRINT "NICHT ERREICHBARE KNOTEN:"
3480 FOR I=1 TO N
3490 IF T(I)=U THEN NK(0)=1:PRINT I;
3500 NEXT:IF NK(0)=0 THEN PRINT "KEINE"
3510 PRINT:PRINT:IF B=2 THEN 3590
3520 FOR I=0 TO N:NK(I)=0:VL(I)=0
3530 EG(I)=0:NEXT:A=1:B=2:GOTO 3240
3540 PRINT "KREIS";V$;"LAENGE: ";I;:I1=I
3550 IF I1=J GOTO 3570:ELSE I1=VL(I1)
3560 PRINT "-";I1;:GOTO 3550
3570 PRINT "-";I:PRINT:PRINT
3580 IF B=2 THEN 3590:ELSE GOTO 3520
3590 PRINT:PRINT "WEITER (J)?";
3600 INPUT "";W$
3610 IF W$="J" THEN RUN:ELSE 3600
```

△   Programm „Transport- und Zuordnungsprobleme"
Berechnung eines kostenminimalen Transportplans für die Versorgung von n Bedarfspunkten
aus m Vorratslagern; bei $m = n$ und Vorräte = Bedarfsgrößen = 1 wird das Zuordnungsproblem
gelöst.

```
6000 CLS:PRINT"   LOESUNG VON TRANSPORT-"
6010 PRINT "   UND ZUORDNUNGSPROBLEMEN"
6020 PRINT:PRINT:INPUT "QUELLENZAHL  ";M
6030 INPUT "SENKENZAHL   ";N
6040 DIM A(M),S(M),B(N),Z(N),C(M.N)
6050 DIM X(M,N),D(M,N):U01E7
6060 DEF FNMI(Y)=(W+Y-ABS(W-Y))/2
6070 PRINT "VORRAT IN":FOR I=1 TO M
6080 PRINT I,:INPUT " ";A(I):NEXT
6090 PRINT "BEDARF IN":FOR J=1 TO N
6100 PRINT J+M,:INPUT " ";B(J):NEXT:CLS
6110 PRINT "(LEEREINGABE=UNENDLICH)"
6120 PRINT "TRANSPORTKOSTEN "
6130 PRINT "VON","NACH","KOSTEN"
6140 FOR J=1 TO N:W=U:FOR I=1 TO M
6150 C(I,J)=U:D(I,J)=U:PRINT I,M+J,
6160 INPUT "";C(I,J):W=FNMI(C(I,J))
6170 NEXT:X(0,J)=W:IF W=U GOTO 6570
6180 NEXT:CLS:PRINT "BITTE WARTEN"
6190 FOR I=1 TO M:FOR J=1 TO N:W=C(I,J)
6200 IF W<U THEN D(I,J)=W+X(I,0)-X(0,J)
6210 NEXT:NEXT
6220 FOR I=1 TO M:S(I)=-SGN(A(I))
6230 C(I,0)=A(I):NEXT:FOR J=1 TO N
6240 Z(J)=0:C(0,J)=0:NEXT:I=0:L=0
6250 I=I+1:J=0:IF I>M GOTO 6420
6260 J=J+1:IF J>N OR S(I)=0 GOTO 6250
6270 IF Z(J)<>0 OR D(I,J)>0 GOTO 6260
6280 Z(J)=I:C(0,J)=C(I,0):L=L+1:W=B(J)
6290 IF W=0 GOTO 6260
6300 W=FNMI(C(0,J)):B(J)=B(J)-W
6310 I=Z(J):X(I,J)=X(I,J)+W:J=S(I)
6320 IF J>0 THEN X(I,J)=X(I,J)-W:GOTO 6310
6330 A(I)=A(I)-W:J=0:W=0
6340 J=J+1:IF B(J)=0 AND J<N GOTO 6340
6350 IF B(J)>0 THEN I=0:L=0:GOTO 6220
6360 CLS:PRINT "OPTIMALLOESUNG":PRINT
6370 PRINT "VON","NACH","MENGE"
6380 FOR J=1 TO N:FOR I=1 TO M:L=X(I,J)
6390 IF L=0 GOTO 6410:ELSE W=W+L*C(I,J)
6400 PRINT I,M+J,L
6410 NEXT:NEXT:PRINT "OPTIMALWERT ";W:
     GOTO 6580
6420 J=J+1:I=0:IF J>N GOTO 6470
6430 I=I+1:IF I>M OR Z(J)=0 GOTO 6420
6440 IF S(I)<>0 OR X(I,J)=0 GOTO 6430
6450 S(I)=J:W=X(I,J):L=L+1
6460 C(I,J)=FNMI(C(0,J)):GOTO 6430
6470 IF L>0 THEN L=0:GOTO 6250:ELSE W=U
6480 I=I+1:J=1:IF I>M GOTO 6520
6490 IF J>N OR S(I)=0 GOTO 6480
6500 IF Z(J)=0 THEN W=FNMI(D(I,J))
6510 J=J+1:GOTO 6490
6520 IF W=U GOTO 6570:ELSE FOR I=1 TO M
6530 IF S(I)=0 THEN X(I,0)=X(I,0)+W
6540 NEXT:FOR J=0 TO N
6550 IF Z(J)=0 THEN X(0,J)=X(0,J)+W
6560 NEXT:GOTO 6190
6570 PRINT "AUFGABE UNLOESBAR"
6580 PRINT:PRINT "WEITER (J)?";
6590 INPUT "";W$:IF W$<>"J" THEN 6590
6600 RUN
```

Druckmaschinen – Rucksäcke – Bounds

Abläufe wie ein Uhrwerk

Der Stapel mit weißem Papier vor einer modernen Druckmaschine nimmt zusehends ab. Mit großer Geschwindigkeit werden Bögen auf einem Gummiband durch die Druckwerke gezogen und anschließend vierfarbig bedruckt abgelegt. In jeder Sekunde entstehen viele Buchseiten, wobei die Bedienungskräfte normalerweise nur Überwachungsfunktion haben. Aber aller 40 oder 60 Minuten kommt es auf ihr schnelles Handeln an, zählt jede Sekunde: Dann steht die Druckmaschine nämlich. Das bedruckte Papier muß abgefahren und neues bereitgestellt werden, das Transportband ist von Farbresten zu reinigen. Anschließend müssen sich die beteiligten Arbeiter auch selbst gründlich säubern. Damit die Druckformen nicht oxydieren, werden sie nach Stillstand der Maschine konserviert und erst vor dem Weiterdrucken wieder entkonserviert.

Abb. 21

Kurz gesagt, verschiedene *Vorgänge* bilden ein *Gesamtvorhaben*, das in möglichst kurzer Zeit erledigt werden muß, damit die hochproduktive Maschine bald wieder auf vollen Touren arbeiten kann. Wir wollen annehmen, daß jeder Vorgang, einmal begonnen, nicht unterbrochen wird. Zwischen manchen dieser Vorgänge bestehen *Reihenfolgebeziehungen*: zum Beispiel kann die Maschine erst dann wieder in Probelauf gehen, wenn der Stapel mit neuem Papier da ist. Wir ordnen die Vorgänge den Bögen eines Netzplans zu (Abb. 22 oben). Zwischen A und A' legen wir einen Scheinvorgang der Dauer 0, damit zu den Bögen b und c nicht das gleiche Knotenpaar gehört.

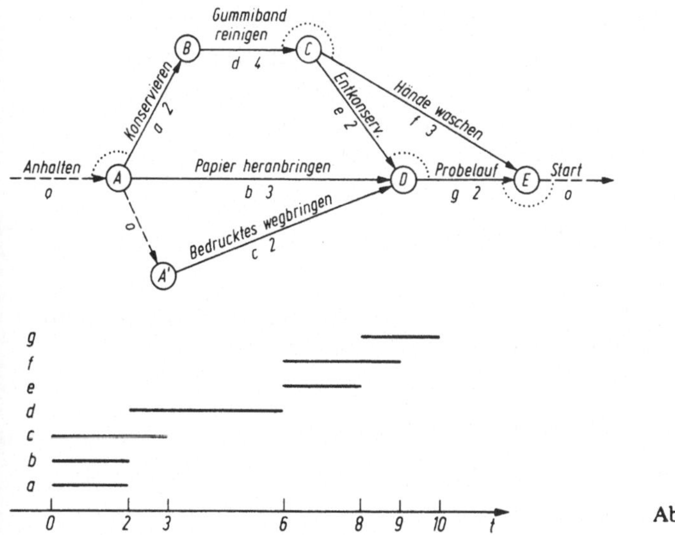

Abb. 22

Bevor ein Vorgang beginnen kann, müssen alle Vorgänge abgeschlossen sein, deren Pfeile dort enden, wo der betrachtete Vorgang seinen Anfang hat. Für manche Vorgänge besteht noch die Forderung, daß sie *pausenlos aufeinanderfolgen*, was wir im Bild durch halbkreisähnliche Markierungen angedeutet haben. Jeder Vorgang wird durch einen Kleinbuchstaben bezeichnet und erfordert die in Abb. 22 angegebene Zeitdauer in Minuten. Abb. 22 unten zeigt einen möglichen Ablauf, wobei die Vorgänge hier als „Balken" über demjenigen Intervall der Zeitachse angeordnet sind, in dem an ihnen gearbeitet wird. Bei diesem Ablauf benötigt man für das Gesamtvorhaben zehn Minuten. Daß die Reihenfolgebedingungen und Forderungen nach pausenloser Folge eingehalten sind, ist im Balkendiagramm nicht auf den ersten Blick zu sehen.

Derartige Aufgaben begegnen uns in allen Lebensbereichen. So bilden die einzelnen Vorgänge beim Bau eines Hauses ebenso ein Gesamtvorhaben wie die Teilvorgänge einer komplizierten Herzoperation, die Aktivitäten bei der Generalreperatur eines Kraftwerkblockes, die Teilschritte beim Kochen und Anrichten eines festlichen Mittagessens, die Teilabschnitte eines Schullehrplanes, die Menge aller Arbeitsgänge an den Einzelteilen und beim anschließenden Zusammensetzen zu einem fertigen Gerät. Ablaufoptimierung bedeutet, ohne zusätzliches Material oder Geld aufzuwenden, ja sogar ohne neue technologische Ideen, sondern allein durch bessere Arbeitsorganisation die Fertigstellung von Gesamtvorhaben zu beschleunigen. Schließlich ist es nicht unwichtig, wie lange ein Kraftwerkblock abgeschaltet bleibt oder ein Patient auf dem Operationstisch liegt.

Längste Bahnen und Pufferzeiten

Die minimale Stillstandszeit unserer Druckmaschine wird von der zeitlich längsten Bahn zwischen „Anhalten" und „Start" bestimmt:

$$
\begin{aligned}
a \ldots d \ldots f: & \quad 2 + 4 + 3 &= 9 \\
a \ldots d \ldots e \ldots g: & \quad 2 + 4 + 2 + 2 &= 10 \\
b \ldots g: & \quad 3 + 2 &= 5 \\
c \ldots g: & \quad 2 + 2 &= 4
\end{aligned}
$$

Die Maschine steht also auf jeden Fall zehn Minuten.

Bei größeren Netzplänen – der zur Generalreperatur eines Kraftwerkblocks enthält viele hundert Vorgänge – wäre es sehr aufwendig, alle möglichen Bahnen unabhängig voneinander zu betrachten. Im vorhergehenden Kapitel wurde beschrieben, daß man zweckmäßigerweise rekursiv *früheste Termine* $F(X_j)$ für die Knotenereignisse X_j berechnet:

$$
F(A) = 0
$$
$$
F(X_j) = \underset{X_i}{\text{Maximum}}\{F(X_i) + d_{ij}\}
$$

mit den Vorgangsdauern d_{ij} der Bögen, die in einem X_i beginnend im betrachteten X_j enden. In unserem Beispiel erhalten wir:

$$F(A') = F(A) + 0 = 0$$
$$F(B) = F(A) + 2 = 2$$
$$F(C) = F(B) + 4 = 6$$
$$F(D) = \text{Max}\{F(A') + 2, F(A) + 3, F(C) + 2\} = \text{Max}\{2, 3, 8\} = 8$$
$$F(E) = \text{Max}\{F(C) + 3, F(D) + 2\} = \text{Max}\{9, 10\} = 10.$$

Betrachtet man nun diesen frühesten Zeitpunkt 10, zu dem das Endereignis E eintreten kann, auch als spätesten Termin $S(E)$, so kann man „von hinten her" rekursiv die *spätesten Termine* ausrechnen, zu denen die anderen Ereignisse dann eintreten müssen:

$$S(E) = 10$$
$$S(X_i) = \underset{X_j}{\text{Minimum}}\{S(X_j) - d_{ij}\}.$$

Im Beispiel:

$$S(D) = S(E) - 2 = 8$$
$$S(C) = \text{Min}\{S(E) - 3, S(D) - 2\} = \text{Min}\{7, 6\} = 6$$
$$S(B) = S(C) - 4 = 2$$
$$S(A') = S(D) - 2 = 6$$
$$S(A) = \text{Min}\{S(B) - 2, S(D) - 3, S(A') - 0\} = \text{Min}\{0, 5, 6\} = 0.$$

Aus den Terminen der Knoten ergeben sich früheste und späteste Anfangs- bzw. Endtermine der Vorgänge. Jene Knoten und Vorgänge, bei denen der früheste mit dem spätesten Termin zusammenfällt, heißen *kritisch*. Für die übrigen gibt die Differenz eine *Pufferzeit* an, um die deren Termin vom frühesten abweichen kann, ohne den Gesamt–Fertigstellungstermin $F(E)$ zu gefährden. Beispielsweise hat A' wegen $S(A') - F(A') = 6 - 0$ die Pufferzeit 6, das Ereignis A' (und entsprechend der Vorgang c) darf um 6 Minuten gegenüber dem frühesten Termin verzögert werden, ohne $F(E) = S(E) = 10$ in Frage zu stellen. Will man den Gesamtablauf beschleunigen, dann muß mindestens ein kritischer Vorgang beschleunigt werden; eventuell kann das auf Kosten der Verzögerung nichtkritischer Vorgänge geschehen.

Wenn die Arbeitskräfte nicht reichen

Normalerweise wird man alle Vorgänge zu ihren frühesten Terminen planen
(Abb. 22). Nur in wenigen Beispielen sind dabei die Forderungen nach
pausenloser Folge von selbst erfüllt. Vor allem aber kann es passieren, daß
auf diese Weise irgendwann an so vielen Vorgängen zugleich zu arbeiten
wäre, daß dafür die Arbeitskräfte (oder Maschinen, Transportmittel, …)
nicht ausreichen.

An einer Druckmaschine werden drei Arbeitskräfte eingesetzt. Wir wollen
annehmen, daß die Vorgänge c, g und d (somit auch f) jeweils zwei Arbeitskräfte erfordern, alle anderen je eine. Dann können z. B. nicht a, b und
c zugleich realisiert werden. In Abb. 22 sind daher gewisse Balken nach
rechts zu verschieben.

Im folgenden erläutern wir die Bestimmung eines optimalen Ablaufs unter
diesen Arbeitskräfte–Bedingungen nach dem *Eröffnungsprinzip*: jeweils an
den interessierenden Zeitpunkten wird entschieden, welche Teilmenge von
den anliegenden (d. h. aus Sicht der Reihenfolgebeziehungen möglichen)
Vorgängen begonnen wird. Dabei sind noch die pausenlosen Kopplungen
zu beachten. Der Fall der leeren Teilmenge (nichts tun) führt nicht zum
Optimum, aber alle anderen Fälle sind zunächst nicht auszuschließen.

Zum Zeitpunkt 0 sind das alle nichtleeren Teilmengen von $\{a, b, c\}$, welche
mit drei Arbeitskräften auskommen. Durch die pausenlose Kopplung des
Vorgangs a an das „Anhalten" (Abb. 22) entfallen die Teilmengen ohne a.
Wir kennzeichnen das in Abb. 23 durch $\underline{a}bc$, das heißt, an $\underline{a}$ muß gearbeitet
werden, an b oder c kann gearbeitet werden. An den Bögen des Graphen
in Abb. 23 notieren wir die tatsächlich bearbeiteten Vorgänge. Bereits bei
unserem kleinen Beispiel entsteht ein fast unübersehbarer *Verzweigungsbaum*, Abb. 23 zeigt nur ein bescheidenes Stück von ihm! Selbst beim
Einsatz von Computern ist ein vollständiges Durchprobieren des gesamten
Verzweigungsbaumes uneffektiv, ja meist gar nicht durchführbar. Dennoch
ist der Verzweigungsbaum die entscheidende gedankliche Struktur in der
kombinatorischen Optimierung. Jeder Knoten beinhaltet eine *Teilentscheidung*, einen bereits *vorgemerkten* Anteil der Zielfunktion (im Beispiel den
bereits erreichten Zeitpunkt, linke Randspalte in Abb. 23) und ein noch zu
betrachtendes *Restproblem* (bei uns die noch oder noch teilweise zu erledi-
genden Vorgänge). Es gibt drei allgemeine Grundideen, um das vollständige
Durchmustern des gesamten Verzweigungsbaumes abzukürzen:

Dominanz: Haben zwei Teilentscheidungen gleiche Vormerkung, aber das Restproblem der ersten ist „günstiger" als das der zweiten, so braucht man die zweite nicht weiterzuverfolgen, da sie von der ersten „dominiert" wird.

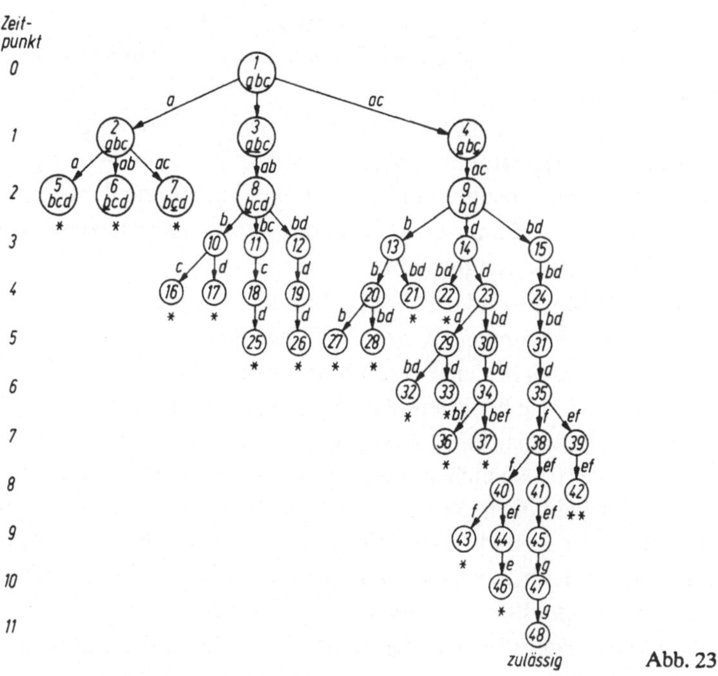

In Abb. 23 wird Knoten Nr. 7 von Knoten Nr. 9 dominiert, weil bei Nr. 7 noch ein Teil von *c* zum Restproblem gehört, der bei Nr. 9 schon erledigt ist. Erst recht wird Nr. 5 von Nr. 9 dominiert. Nr. 6 wird von Nr. 8 dominiert, da vom laufenden Vorgang *b* bei Nr. 8 schon mehr erledigt ist. Überall, wo in Abb. 23 ein Sternchen eingezeichnet ist, braucht man den Zweig aufgrund von Dominanz nicht weiterzuverfolgen. Die mit zwei Sternchen gekennzeichnete Teilentscheidung läßt sich überhaupt nicht zulässig fortsetzen (sie führt zum Zustand $\underline{fg}$, der vier Arbeitskräfte erfordern würde).
Für die gefundene Lösung mit drei Arbeitskräften benötigt man elf Minuten, und andere zulässige Lösungen können nicht besser sein. Was in jeder Minute zu tun ist, ergibt sich aus den Angaben bei der Bahn von Nr. 1 zu Nr. 48.

Dominanzbetrachtungen im bisherigen Sinn erfordern überhaupt keine Information über die tatsächliche Lösung der Restprobleme. Sie lassen sich noch verallgemeinern: Eine erste Teilentscheidung dominiert eine zweite, wenn ihre Vormerkung zwar schlechter ist, aber das durch ein viel günstigeres Restproblem mehr als ausgeglichen wird. Hierzu muß man die Restprobleme auch nicht lösen, sondern den Unterschied der Lösungen zweier Restprobleme abschätzen.

Schranken: Gilt für eine Teilentscheidung, daß Vormerkung plus optimistische Abschätzung des Restproblems bereits einen schlechteren Wert ergibt als eine schon bekannte Lösung, braucht man die Teilentscheidung nicht weiterzuverfolgen. Die Summe von Vormerkung plus Abschätzung des Restproblems heißt *Bound* (englisch für „Schranke").

Im Knoten 10 der Abb. 23 sind bereits drei Minuten vorgemerkt, und Vorgang d hat noch nicht begonnen. Wegen der Länge 8 der Bahn $d \ldots e \ldots g$ im Restproblem ist dieses bestenfalls mit 8 Minuten zu lösen. Die Teilentscheidung Nr. 10 kann also höchstens zu einer Lösung mit Dauer $3 + 8 = 11$ fortgesetzt werden. Falls man eine Lösung mit Wert 11 schon kennt, braucht Teilentscheidung Nr. 10 also nicht mehr weiterverfolgt zu werden. Gleiches gilt für die Teilentscheidungen Nr. 11, Nr. 13 und Nr. 40 in Abb. 23. Durch diese Auswertung der Bounds kann man in Abb. 23 die den genannten Knoten folgenden elf Knoten einsparen. Freilich erfordert die Bound–Idee, Restprobleme mit möglichst wenig Aufwand gut abzuschätzen.

Dynamische Optimierung: In manchen Fällen ist es effektiv, zuerst alle denkbaren Restprobleme „von hinten her" exakt zu lösen. Wenn das stufenweise möglich ist, tastet man sich so bis zum Beginn der Teilentscheidungen vor und kann diese dann absolut zielstrebig treffen. So wurde im vorhergehenden Kapitel die kürzeste Bahn bestimmt, und so haben wir die spätesten Termine der Ereignisse erhalten. Im Kapitel „Kühe" begegnet uns dieses Prinzip ebenfalls.

Ali Babas Rucksack

Ali Baba kann in seinen Rucksack höchstens Gegenstände mit 37 kg Gesamtmasse packen. Er will unter fünf Gegenständen so auswählen, daß er einen möglichst wertvollen Schatz nach Hause bringt (Tab. 5). Eine Menge von fünf Gegenständen hat nur 32 Teilmengen. Man könnte für jede Teilmenge feststellen, ob sie in den Rucksack paßt. Wenn ja, wäre ihr Wert zu bestimmen und so das Problem durch *vollständiges Durchmustern* aller Möglichkeiten lösbar. Aber wir suchen eine Lösungsmethode, die auch bei größeren Anzahlen noch durchführbar ist. Eine Menge von 20 Gegenständen hat nämlich bereits 1 048 576 Teilmengen.

Gegenstand	I	II	III	IV	V
Masse in kg	8	16	21	17	12
Wert in Geldeinheiten	8	14	16	11	7
Wert pro kg	1	0.88	0.76	0.65	0.58

Tab. 5

Wir numerieren die Gegenstände so, daß ihr Wert pro Masse abnimmt (dies ist in der Tabelle schon geschehen; das am Kapitelende angegenbene BASIC–Programm nimmt uns diese Sortierarbeit ab, mit ihm sind Rucksackprobleme mit mehreren Dutzend Gegenständen lösbar). Wenn wir nun der Reihe nach einpacken, bis der Rucksack voll ist, wobei sogar ein „Anschneiden" eines nicht mehr ganz einzupackenden Gegenstandes einkalkuliert wird, entsteht eine optimistische Abschätzung für den mitnehmbaren Wert (da dieser ganzzahlig ist, genügt uns der ganze Anteil der so zunächst erhaltenen Zahl):

Wertvormerkung 0 zu Beginn

Massekalkulation I, II, 13 kg von III: $8 + 16 + 13 = 37$

Wertabschätzung I, II, Teil von III: $8 + 14 + 13 \cdot 0.76 = 31.88$,
    also 31

Bound $0 + 31 = 31$ zu Beginn.

Wir verzweigen jeweils nach der Mitnahme/Nichtmitnahme des angeschnittenen Gegenstandes. Die entstehenden Restprobleme sind selbst Rucksackprobleme – die bereits endgültig eingepackten oder nicht eingepackten Gegenstände bleiben außer Betracht, und die Kapazität des Rucksacks wird um die Masse der eingepackten Gegenstände reduziert. Die gesamte Rechnung ist in Abb. 24 zu verfolgen. Man sieht, daß III und II einzupacken sind mit Wert 30. Die anderen Teilentscheidungen können nicht zu besseren Lösungen fortgesetzt werden, weil bereits ihre Bounds nicht mehr besser als 30 sind.

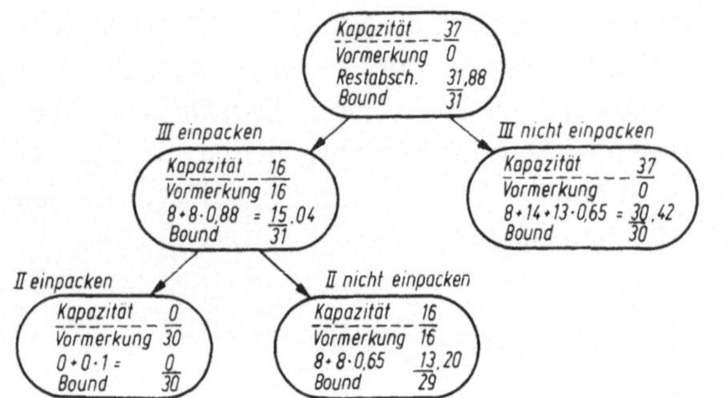

Abb. 24

Ausblick

Unsere Ablaufoptimierung an der Druckmaschine wurde in Wirklichkeit allgemeiner durchgeführt: Mit einer Auswahl von hinsichtlich Dauer und Arbeitskräfteanzahl unterschiedlichen Varianten für jeden Vorgang, mit zugelassenen Unterbrechungen bei b und c, mit verschiedenen Gesamtzahlen beteiligter Arbeitskräfte.[1] Es wurde der Effekt von Teilautomatisierungen bei den betrachteten Hilfsvorgängen (Verteuerung der Druckmaschine, aber kürzere Stillstandszeit zwischen zwei Druckläufen) berechnet. Die beschriebenen Verzweigungsmethoden mußten dabei mit solchen der Linearen Optimierung (vgl. Kapitel „Benzin") gekoppelt werden, und als Hilfsaufgaben waren immer wieder Rucksackprobleme zu lösen.

Schon das Rucksackproblem selbst hat viele Anwendungen. Ob man eine Werkzeugtasche, einen Sanitätskasten, ein abgepacktes Ersatzteilsortiment, ein Weltraumlabor, den Themenplan eines Lehrgangs oder ein Imbißangebot gestaltet, stets ist aus relativ vielen denkbaren Dingen, jedes bewertet durch seine Nützlichkeit und Dringlichkeit, eine geschickte Auswahl zu treffen, die eine insgesamt mögliche Kapazität für Masse, Volumen, Zeitdauer oder Kosten nicht überschreitet.

---

[1] W. ARNOLD: Bewertung und Optimierung der Beschaffenheit von Bogenrotationsoffsetdruckmaschinen. Dissertation 1978.

△ Programm „Rucksackproblem"

Von z gegebenen Gegenständen mit gewisser Masse und gewissem Wert wird die wertvollste Füllung eines Rucksacks ermittelt, ohne dessen Tragfähigkeit zu überschreiten.

```
4000 CLS: PRINT: PRINT"RUCKSACKPROBLEM"
4010 VV=0: R=-1: M=1.7E38: PRINT
4020 INPUT "TRAGFAEHIGKEIT=";TT: PRINT
4030 INPUT"GEGENSTAENDEANZAHL=";Z: PRINT
4040 DIM N(Z): DIM Q(Z+1): DIM M(Z+1)
4050 DIM W(Z+1): N(1)=Z+1: N(0)=1
4060 FOR I=1 TO Z: PRINT: J=N(0): PRINT I
4070 INPUT"MASSE";M(I):IF M(I)<M THEN
     M=M(I)
4080 INPUT"WERT";W(I):Q(I)=W(I)/M(I):VJ=0
4090 IF Q(I)>=Q(J) OR N(J)=Z+1 GOTO 4110
4100 VJ=J: J=N(J): GOTO 4090
4110 IF Q(I)>=Q(J) GOTO 4130
4120 N(J)=I: N(I)=Z+1: GOTO 4140
4130 N(I)=J:N(VJ)=I: IF I=1 THEN N(I)=Z+1
4140 NEXT: DIM E(Z+1): DIM L(Z)
4150 PRINT"ICH RECHNE!": J=0: M(Z+1)=1
4160 K=N(0): V=VV: T=TT
4170 IF E(K)<>0 THEN K=N(K): GOTO 4170
4180 IF M(K)>T OR K=Z+1 GOTO 4200
4190 V=V+M(K):T=T-M(K):K=N(K): GOTO 4170
4200 IF V+T*W(K)/M(K)<=R GOTO 4250
4210 IF K=Z+1 OR M>TT GOTO 4230
4220 J=J+1:L(J)=K:E(K)=-1:K=N(K):GOTO4170
4230 IF V<=R GOTO 4250
4240 R=V:RT=TT:FOR I=1 TO Z:Q(I)=E(I):NEXT
4250 IF J=0 GOTO 4320
4260 IF E(L(J))=-1 AND M(L(J))>TT
     GOTO 4310
4270 IF E(L(J))<>-1 GOTO 4300
4280 E(L(J))=1:V=VV+W(L(J)): T=TT-M(L(J))
4290 TT=T: VV=V: GOTO 4160
4300 VV=VV-W(L(J)): TT=TT+M(L(J))
4310 E(L(J))=0: J=J-1: GOTO 4250
4320 K=N(0):T=RT:FORI=1 TO Z:E(I)=Q(I):
     NEXT
4330 IF E(K)<>0 THEN K=N(K): GOTO 4330
4340 IF M(K)>T OR K=Z+1 THEN CLS:GOTO 4360
4350 T=T-M(K): E(K)=1: K=N(K): GOTO 4330
4360 PRINT"FOLGENDE GEGENSTAENDE NEHMEN:"
4370 PRINT:FOR I=1 TO Z:IF E(I)=1 THEN
     PRINT I,
4380 NEXT:PRINT:PRINT:PRINT"GESAMTWERT";R
4390 PRINT: PRINT"NACH KENNTNISNAHME ";
4400 INPUT"ENTER !";X$: RUN
```

Stahl – Urlaubswetter – kleinste Quadrate

Propheten im Stahlwerk

Das Prinzip der Stahlerzeugung nach dem Thomasverfahren ist ganz einfach (Abb. 25): In den Konverter wird Roheisen hineingegeben (mit Anteilen an Kohlenstoff, Silizium, Mangan und Phosphor) sowie eine darauf abgestimmte Menge Kalk. Anschließend wird von unten Sauerstoff eingeblasen. Dabei verbrennen Beimengungen, entweichen Abgase, und die Rückstände bilden die Schlacke auf dem flüssigen Stahl. Ein Teil des Roheisens kann durch Schrott oder Erz ersetzt werden.

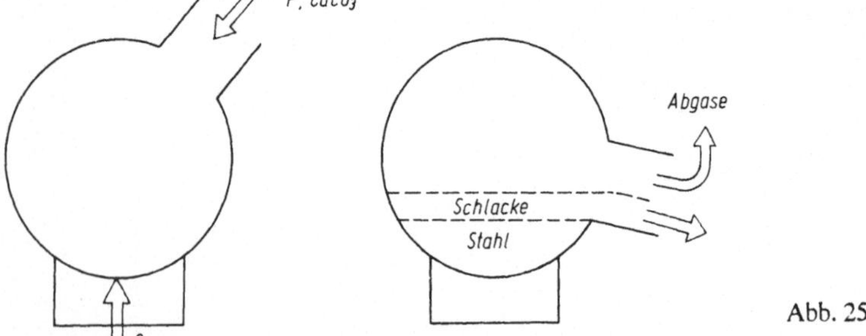

Abb. 25

Die Qualität des Stahls hängt wesentlich von der eingeblasenen Sauerstoffmenge ab. Ist diese zu niedrig, dann bleiben zu viele unerwünschte Beimengungen im Stahl, ist sie hingegen zu hoch, so wandert ein Teil des Phosphors von der Schlacke wieder zurück in die Eisenschmelze. Erfahrene Schmelzer bestimmen aus einem Dutzend bekannter Masse- und Analysewerte, den vorgeschriebenen Anteilen von Mangan und Phosphor im Stahl (je nach gewünschter Sorte) und zwei während des Schmelzens hinzukommenden Daten die annähernd richtige Sauerstoffmenge. Diese

beiden Prozeßdaten sind der durch helles Aufflammen erkennbare Hauptverbrennungszeitpunkt des Phosphors und die Temperatur im Konverter.
Gemeinsam mit den Schmelzern wurden von Technologen, Mathematikern
und Metallurgen Methoden zur Voraussage dieser O_2-Menge erarbeitet. Die
meisten benutzen eine Beziehung

$$y = a_0 + a_1 z_1 + a_2 z_2 + a_3 z_3 + \ldots + a_k z_k$$

mit der Sauerstoffmenge y, den Analyse- bzw. Sollwerten z_1 bis z_k und
geheimnisvollen reellen Zahlen a_0 bis a_k. Wer die besseren a_0 bis a_k hat,
der ist der bessere Prophet. Bei ihm mißlingen seltener die Schmelzen, er
überhitzt den Konverter nicht (und verlängert damit dessen Lebensdauer),
er vermeidet zeitaufwendige Korrekturen der Schmelze durch weitere Zu-
gaben (die außerdem meistens zu erhöhtem Eisengehalt in der Schlacke
führen).

Unberechenbare Zufälle?

Die Wissenschaftler aus dem Stahlwerk, dem metallurgischen Forschungs-
institut und der Universität stießen zunächst auf allerhand Skepsis. Wurde
doch der unbekannte wahre Zusammenhang zwischen Sauerstoffmenge und
Einflußgrößen durch zufällige Störungen der verschiedensten Art überla-
gert: Objektive Zufälle durch unvermeidbare Meßfehler, zufallsartig wir-
kende Einflüsse nichterfaßter Eigenschaften (z.B. „Schrott": das können
glänzende Stahlabfälle sein oder aber auch Teile, die fast nur aus Rost
bestehen).
Selbst wenn der Ansatz für y stimmt, erfüllen die Daten ihn nicht genau, weil
sie Realisierungen von *Zufallsvariablen* sind. Wir wollen nun den Begriff
der Zufallsvariablen für solche mit endlich vielen Realisierungen erläutern.
Eine Variable X, die n gegebene reelle Werte $x_1, \ldots, x_n$ annehmen kann,
wozu es ebenso viele positive Zahlen $p_1, \ldots, p_n$ mit $p_1 + \ldots + p_n = 1$
gibt, heißt Zufallsvariable; für jedes i wird p_i als Wahrscheinlichkeit dafür
aufgefaßt, daß $X = x_i$ ist.
Ordnet man zum Beispiel den Augenzahlen „1", „2", „3", „4", „5", „6"
eines idealen Spielwürfels die entsprechende reelle Zahl zu, so wird das
Würfelergebnis durch eine Zufallsvariable mit den sechs Realisierungen

1, 2, 3, 4, 5, 6 beschrieben, und weil der Würfel ideal sein sollte, muß $p_1 = p_2 = p_3 = p_4 = p_5 = p_6 = \frac{1}{6}$ sein.

Oder betrachten wir folgende Situation: Ein Lehrer lost aus vierzehn Vokabeln sieben aus und schreibt mit diesen eine Vokabelarbeit. Die Note ist gleich der Anzahl der Fehler (natürlich auch bei null Fehlern eine 1, bei sechs oder sieben Fehlern erst recht eine 5). Schüler Faulner hat genau sechs der vierzehn Vokabeln gelernt, seine Note Y wird damit zu einer Zufallsvariablen, die zwar alle Werte zwischen 1 und 5 annehmen kann, aber die Chance für eine 1 ist gering (in der Arbeit müßten dann seine sechs und eine der anderen acht Vokabeln gefragt werden, also nur acht der 3432 möglichen Vokabelarbeiten bringen ihm die Note 1). Die Wahrscheinlichkeit für eine 1 ist 8 : 3432, d. h. rund 0.002. Analog ergeben sich die Wahrscheinlichkeiten q_i für die anderen Noten in Tab. 6.

y_i	1	2	3	4	5
q_i	0.002	0.049	0.245	0.408	0.296
x_i	1	2	3	4	5
p_i	0.133	0.367	0.367	0.122	0.011

Tab. 6

Schüler Fleißner hat neun Vokabeln gelernt. Auch seine Note X kann alle Werte zwischen 1 und 5 annehmen, aber er hat natürlich bessere Aussichten, wie Tab. 6 verdeutlicht.

Was heißt das aber – „bessere Aussichten"? Eine gewisse Einschätzung über das Verhalten einer Zufallsvariablen X gibt ihr *Erwartungswert* $E(X) = x_1 p_1 + \ldots + x_n p_n$. Die Note für Fleißner hat nach Tab. 6 den Erwartungswert $E(X) = 1 \cdot 0.133 + 2 \cdot 0.367 + 3 \cdot 0.367 + 4 \cdot 0.122 + 5 \cdot 0.011 = 2.511$. Analog errechnet man für Faulner $E(Y) = 3.947$. Man sieht, es kann zwar passieren, daß Faulner eine 1 erhält und Fleißner eine 5, aber im Mittel wird Fleißner die bessere Note bekommen (der Erwartungswert ist ja ein *Mittelwert* mit Gewichten p_i).

Ebenfalls aus der Schule mit ihren „Zensurendurchschnitten" ist bekannt, daß der gleiche Mittelwert sehr unterschiedlich zustandekommen kann. 3.0 kann der Mittelwert aus zwanzig Dreien sein, aber auch aus zehn Einsen und zehn Fünfen – im letzten Fall „streuen" die Einzelnoten stärker um den Mittelwert als im ersten. Für Zufallsvariable wählt man als Maß für das *Streuungsquadrat* $D^2(X)$, auch *Varianz* genannt, den Erwartungswert der quadrierten Abweichung vom Mittelwert:

$$D^2(X) = E\{[X - E(X)]^2\} = [x_1 - E(X)]^2 p_1 + \ldots + [x_n - E(X)]^2 p_n.$$

Für Fleißner ist $D^2(X) = 0.826$, für Faulner $D^2(Y) = 0.752$. Beide zeigen also (wenn ihr Lernverhalten immer so ist) annähernd gleichgroße deutliche Schwankungen im Zensurenbild, obwohl sie ein konstantes Leistungsverhalten haben. Die Wurzel aus dem Streuungsquadrat bezeichnet man als *Streuung*.

Verschiedene Zufallsvariablen können *abhängig* oder *unabhängig* voneinander sein. *Eine Zufallsvariable Y heißt unabhängig von einer Zufallsvariablen X, wenn beliebige Informationen über das Verhalten von X die Ungewißheit über das Verhalten von Y nicht verändern.* Beispielsweise in dem Falle, wo unter den sechs von Faulner gelernten Vokabeln genau drei der von Fleißner gelernten enthalten sind, hängen die Noten beider in der Vokabelarbeit voneinander ab: Erhält Fleißner eine 1, so kann Faulner nur noch eine 3 oder 4 oder 5 bekommen (weil höchstens eine der von Fleißner nicht gelernten Vokabeln gefragt worden ist, also höchstens vier der von Faulner gelernten dabei waren).

Ein extremer Fall der statistischen Abhängigkeit des Y von X ist die funktionale Abhängigkeit, d. h., aus der Realisierung von X kann eindeutig auf die von Y geschlossen werden. Meist muß man aber schon zufrieden sein, wenn ein Zusammenhang $\hat{y}_i = f(x_i)$ vorliegt, so daß $\hat{y}_i$ wenigstens „im Mittel" jener Wert ist, den Y annimmt im Falle $X = x_i$. Diese *Regressionslinie* kann man dann zur Voraussage des Y-Wertes bei gegebenem X-Wert verwenden.

Die beste Gerade durch einen Punkthaufen

Wir wollen das annähernde Ermitteln der Regressionslinie in dem Fall beschreiben, wo sie eine Gerade ist; die *Regressionsgerade*. Gegeben sind Wertepaare $(x_1, y_1), \ldots, (x_N, y_N)$, die das Paar der beiden Zufallsvariablen (X, Y) in N voneinander unabhängigen Situationen angenommen hat. Errechnet werden soll eine Gerade $y = a_0 + a_1 x$, auf der diese Wertepaare (gedeutet als Punkte in der Koordinatenebene) annähernd liegen, d. h.,

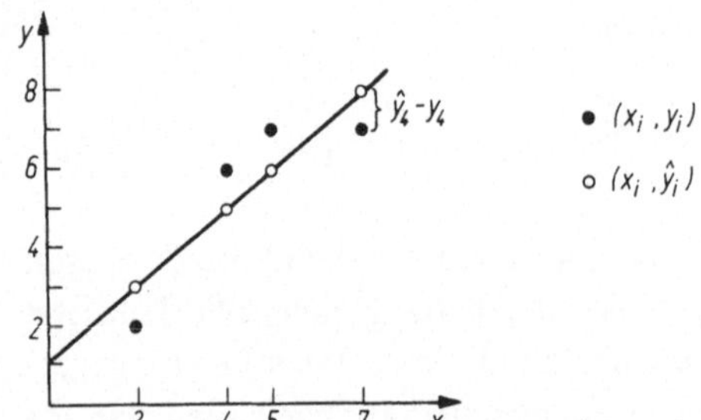

Abb. 26

setzt man ein x_i ein, so ist das $\hat{y}_i = a_0 + a_1 x_i$ auf der Geraden annähernd das gegebene y_i (vgl. Abb. 26). Wir betrachten diejenige Gerade als die geeignetste, für welche die Summe der quadrierten Abweichungen

$$Q(a_0, a_1) = (\hat{y}_1 - y_1)^2 + \ldots + (\hat{y}_N - y_N)^2$$
$$= (a_0 + a_1 x_1 - y_1)^2 + \ldots + (a_0 + a_1 x_N - y_N)^2$$

kleinstmöglich ausfällt. Sie hängt allein von a_0 und a_1 ab. Man nennt dieses Prinzip die *Methode der kleinsten Quadrate*.

Jetzt führen wir – auch für spätere Kapitel – Bezeichnungen für einige häufig vorkommende Formelausdrücke ein:

$$\bar{x} = \frac{1}{N}(x_1 + \ldots + x_N),$$

$$\bar{y} = \frac{1}{N}(y_1 + \ldots + y_N),$$

$$s_x^2 = \frac{1}{N-1}[(x_1 - \bar{x})^2 + \ldots + (x_N - \bar{x})^2]$$

$$= \frac{1}{N-1}[x_1^2 + \ldots + x_N^2 - N\bar{x}^2],$$

$$s_y^2 = \frac{1}{N-1}[(y_1 - \bar{y})^2 + \ldots + (y_N - \bar{y})^2]$$

$$= \frac{1}{N-1}[y_1^2 + \ldots + y_N^2 - N\bar{y}^2],$$

$$s_{xy} = \frac{1}{N-1}[(x_1 - \bar{x})(y_1 - \bar{y}) + \ldots + (x_N - \bar{x})(y_N - \bar{y})]$$

$$= \frac{1}{N-1}[x_1 y_1 + \ldots + x_N y_N - N\bar{x}\bar{y}].$$

Das arithmetische Mittel $\bar{x}$ aus den gegebenen x_i ist eine Schätzung für den Erwartungswert $E(X)$, und s_x^2 ist eine Schätzung für die Varianz $D^2(X)$. Je größer N ist, desto zuverlässiger werden die Schätzungen. Entsprechendes gilt für $\bar{y}$ und s_y^2.

Mit diesen Bezeichnungen kann man das obige $Q(a_0, a_1)$ ausdrücken (wer es nicht glaubt, der kann für $N = 2$ beide Darstellungen ausrechnen und vergleichen; analog verläuft der allgemeine Nachweis):

$$Q(a_0, a_1) = \frac{1}{N-1}\left(s_y^2 - \frac{s_{xy}^2}{s_x^2}\right) + \frac{1}{N-1}s_x^2\left[a_1 - \frac{s_{xy}}{s_x^2}\right]^2$$
$$+ N[a_0 + a_1\bar{x} - \bar{y}]^2.$$

Von den drei Bestandteilen auf der rechten Seite hängt der erste nicht von a_0, a_1 ab, die anderen beiden sind wegen des Quadrierens für beliebige Wahl von a_0, a_1 stets größer oder gleich Null. Wenn es uns gelingt, sie durch geschickte Wahl von a_0, a_1 zu Null zu machen, dann erreichen wir den kleinstmöglichen Wert von $Q(a_0, a_1)$. Bei Betrachtung der eckigen Klammern sieht man sofort, wie diese geschickte Wahl zu erfolgen hat:

$$a_1 = \frac{s_{xy}}{s_x^2}, \qquad a_0 = \bar{y} - a_1\bar{x} = \bar{y} - \frac{s_{xy}}{s_x^2}\bar{x}.$$

Das am Kapitelende angegebene BASIC–Programm berechnet nach Eingabe der Daten $x_1, y_1, \ldots, x_N, y_N$ alle diese Schätzungen und stellt in einer Tabelle den gegebenen y_i die $\hat{y}_i$ auf der Geraden gegenüber. Ferner wird

i	x_i	y_i	x_i^2	y_i^2	$x_i y_i$	$\hat{y}_i$
1	2	2	4	4	4	3
2	4	6	16	36	24	5
3	5	7	25	49	35	6
4	7	7	49	49	49	8
Summe	18	22	94	138	112	

Tab. 7

zu einer weiteren Stelle x_{N+1} noch das $\hat{y}_{N+1}$ als Vorhersage angegeben. Für das in Abb. 27 gegebene Beispiel können wir die Rechnung in Tab. 7

verfolgen. Aus den dort gebildeten Summen ergibt sich

$$\bar{x} = \frac{18}{4} = 4.5 \quad \text{und} \quad \bar{y} = \frac{22}{4} = 5.5,$$

$$s_x^2 = \frac{1}{3}[94 - 4 \cdot 4.5^2] = \frac{13}{3},$$

$$s_y^2 = \frac{1}{3}[138 - 4 \cdot 5.5^2] = \frac{17}{3},$$

$$s_{xy} = \frac{1}{3}[112 - 4 \cdot 4.5 \cdot 5.5] = \frac{13}{3},$$

$$a_1 = \frac{13}{3} : \frac{13}{3} = 1,$$

$$a_0 = 5.5 - 1 \cdot 4.5 = 1.$$

Durch den Unterschied der y_i und $\hat{y}_i$ erhält man einen Eindruck, inwieweit der Zusammenhang nun wirklich linear ist. Ein mathematischer Ausdruck dafür ist der *Korrelationskoeffizient* ρ. Bei $\rho = 0$ besteht kein *linearer* Zusammenhang, bei $\rho = \pm 1$ liegt er ungestört vor. Dieses ρ kann durch $r_{xy} = \frac{s_{xy}}{s_x s_y}$ geschätzt werden. In unserem Zahlenbeispiel ist $r_{xy} = 0.87$, man kann sagen, daß y in guter Näherung eine Funktion $\hat{y} = a_0 + a_1 x = 1 + x$ ist.

Bei $s_x = 0$ sind obige Schätzungen für a_0, a_1, r_{xy} nicht möglich – dieser Fall tritt genau dann ein, wenn alle x_i übereinstimmen. Die Methode der kleinsten Quadrate liefert zunächst ein mehrdeutiges Ergebnis, aus welchem unser BASIC–Programm die Gerade mit $a_1 = 0$, $a_0 = \bar{y}$ herausgreift.

Bei zwei gegebenen Punkten, $N = 2$, liefert die Methode der kleinsten Quadrate die Gerade genau durch diese beiden Punkte (außer im Falle $x_1 = x_2$).

In höheren Dimensionen

Ist $\hat{y}$ eine lineare Funktion einer Variablen x, so entspricht ihr eine Gerade in der Koordinatenebene, und man kann $\hat{y}$ als „Höhe" über der x-Achse auffassen.

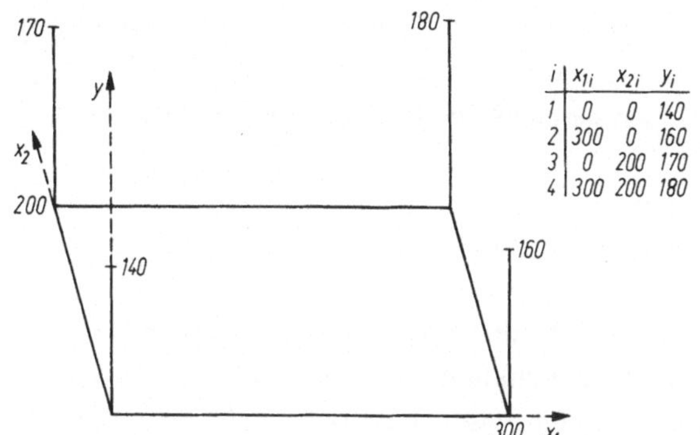

Abb. 27

Ist $\hat{y}$ eine lineare Funktion zweier Variabler x_1, x_2, wird also jedem Punkt einer x_1-x_2-Ebene eine Höhe zugeordnet, $\hat{y} = a_0 + a_1 x_1 + a_2 x_2$, dann entspricht ihr geometrisch eine Ebene, die über der x_1-x_2-Ebene im Raum schwebt. Stellen wir uns ein Zimmer mit rechtwinkligen Wänden vor, Koordinatenursprung in einer Fußbodenecke, Achsen in den Zimmerkanten (Abb. 27). Im Raum schweben Pünktchen mit Koordinaten x_{1i}, x_{2i}, y_i, wobei die Pünktchen annähernd auf einer Ebene liegen und deren Gleichung $\hat{y} = a_0 + a_1 x_1 + a_2 x_2$ wieder so bestimmt werden soll, daß $(\hat{y}_1 - y_1)^2 + \ldots + (\hat{y}_N - y_N)^2$ minimal wird.

Wir bilden folgende Matrizen (zum Matrizenbegriff vgl. Kapitel „Benzin"):

$$a = \begin{pmatrix} a_0 \\ a_1 \\ a_2 \end{pmatrix}, \quad y = \begin{pmatrix} 140 \\ 160 \\ 170 \\ 180 \end{pmatrix}, \quad X^\top = \begin{pmatrix} 1 & 1 & 1 & 1 \\ 0 & 300 & 0 & 300 \\ 0 & 0 & 200 & 200 \end{pmatrix}.$$

Die erste Zeile von $X^\top$ – bestehend aus Einsen – enthält gewissermaßen x_{0i}-Werte, die zu a_0 gehören (in der Ebenengleichung steht bei a_0 eine 1). Man kann beweisen, daß dann a die Lösung des Gleichungssystems $(X^\top X)a = X^\top y$ ist; im Beispiel liefert das $a_0 = 142.5$, $a_1 = 0.4$, $a_2 = 0.125$. Die damit errechneten $\hat{y}_i$ sind 142.5, 157.5, 167.5, 182.5. Ihr Unterschied zu den y_i ist gering.

Die Matrizenschreibweise hat folgenden Vorteil: Sind mehr als vier Punkte gegeben oder auch mehr als zwei Einflußgrößen – stets entsteht die Lösung mit den entsprechend gebildeten a, y, X formal analog. Bei nur einer Einflußgröße, $a = (a_0, a_1)^\top$ und $X^\top$ mit zwei Zeilen, liefert sie genau die Gerade wie im vorigen Abschnitt errechnet.

(Bei sinnvoll gestellten Aufgaben ist das Gleichungssystem für a eindeutig lösbar, weil $X^\top X$ eine reguläre Matrix ist, es ist also $a = (X^\top X)^{-1} X^\top y$. Zum Lösen von Gleichungssystemen siehe Kapitel „Meßgeräte".)

Reserve 1: Abhängigkeit nutzen

Für unser Stahlbeispiel wurde eine mittels Methode der kleinsten Quadrate gewonnene Darstellung des $\hat{y}$ als Funktion von 13 Einflußgrößen jahrelang benutzt. Durch die Zusammenarbeit zwischen Betrieb und Universität sollte die Vorhersage der Sauerstoffmenge noch verbessert werden. Den Theoretikern war klar, daß die Methode der kleinsten Quadrate nur dann voll gerechtfertigt ist, wenn die Einflußgrößen insgesamt unabhängige Zufallsgrößen sind. Aus metallurgischer Sicht war anzunehmen, daß diese Voraussetzung bei den 13 Größen nicht zutrifft, und einfache mathematische Tests (Schätzung r der Regressionskoeffizienten der Einflußgrößen untereinander) bestätigten das. Beispielsweise kann der Hauptverbrennungszeitpunkt des Phosphors nicht unabhängig davon sein, wie viele zu oxydierende Beimengungen im Roheisen sind. Wir wollen zunächst plausibel erläutern, welche Gefahr durch eine solche Abhängigkeit entsteht, wenn man einfach der Methode der kleinsten Quadrate vertraut – das kann gut gehen, muß aber nicht.

Es hänge y von zwei Einflußgrößen x_1, x_2 ab, $y = x_1 + x_2$, die untereinander stark abhängig sind, etwa $x_1 = x_2$ für die wahren Werte. Durch kleine Meßfehler weichen die Meßwerte von den wahren Werten ab. Zum Vergleich betrachten wir zwei Fälle (Tab. 8): links jene Daten, die Herr Glückspilz ermittelte, rechts die Daten von Herrn Pechvogel. Beide haben fast dieselben, recht genauen Daten! Die Methode der kleinsten Quadrate liefert aber trotz der geringfügigen Unterschiede der Daten stark voneinander abweichende Vorhersagefunktionen. Herr Glückspilz erhält $\hat{y}_i = x_{1i} + x_{2i}$, Herr Pechvo-

i	x_{1i}	x_{2i}	y_i	i	x_{1i}	x_{2i}	y_i
1	1	1	2	1	1	1	2
2	2	2	4	2	2	2	4
3	3	$3 + \frac{1}{1000}$	$6 + \frac{1}{1000}$	3	$3 + \frac{1}{1002}$	$3 + \frac{1}{1000}$	6

Tab. 8

gel erhält $\hat{y}_i = 1002x_{1i} - 1000x_{2i}$ (das ist leicht kontrollierbar, denn jeder hat nur drei Punkte, und diese liegen jeweils exakt auf der Ebene, welche die Vorhersagegleichung beschreibt).

Von jedem der beiden wird die Vorhersage für $x_{14} = 4 + \frac{1}{100.2}$, $x_{24} = 4 - \frac{1}{100}$ erbeten. Herr Glückspilz nennt das hervorragende Ergebnis $\hat{y}_4 = 7.9998$, Herr Pechvogel das völlig unbrauchbare Ergebnis $\hat{y}_4 = 28$.

Der Ausweg ist die Zusammenfassung abhängiger Einflußgrößen zu „Einflußfaktoren". In unserem Beispiel wäre $f_i = x_{1i} + x_{2i}$ die ideale Kombination. Aber selbst wenn diese aus den Daten nur sehr grob herausgefunden wird, etwa $f_i = 1.3x_{1i} + 0.6x_{2i}$, liefert die Methode der kleinsten Quadrate bei Anwendung auf die Wertepaare f_i, y_i in beiden Fällen gute Vorhersagen. Herr Glückspilz erhält $\hat{y} = -0.0002 + 1.053f$ und daraus $\hat{y}_4 = 7.981$, Herr Pechvogel erhält $\hat{y} = 0.001 + 1.052f$ und daraus $\hat{y}_4 = 7.977$.

Wie man aus umfangreichen Daten gute Kombinationen für die *Faktoren* ermittelt, wird im folgenden Kapitel unseres Buches näher beschrieben. Im Beispiel der Stahlproduktion wurden aus dreizehn Einflußgrößen sieben solche Faktoren gebildet, und die so ermittelte Vorhersagefunktion war merklich zuverlässiger als die frühere.

Wenn sich ein Trend nur unregelmäßig durchsetzt

Ein Stahlkonverter ist innen mit feuerfestem Material ausgekleidet, das sich abnutzt und nach etwa 100 Schmelzen erneuert werden muß. Ein Vorhersagemodell, das für einen neu ausgekleideten Konverter gut ist, wird durch die Veränderung des Konverters immer fragwürdiger.

Zunächst wurde einfach die Anzahl der Schmelzen nach der Auskleidung mit als Einflußgröße benutzt. Die Verbesserung war jedoch nur gering, weil die Abnutzung nicht proportional zu dieser Anzahl verläuft: manchmal bricht ein großes Stück der Auskleidung heraus, und dann passiert wieder einige Schmelzen lang fast gar nichts. Es wird so nur der Trend im Großen erfaßt, aber nicht die unvorhersehbare sprunghafte konkrete Veränderung.

Als „Erste Hilfe" in solchen Fällen wird die *Korrektur der Konstanten* benutzt: Wir haben eine Vorhersagefunktion $\hat{y} = a_0 + a_1x_1 + \ldots + a_kx_k$ und benutzen sie zum Zeitpunkt i, berechnen also $\hat{y}_i = a_0 + a_1x_{1i} + \ldots + a_kx_{ki}$. Später erfahren wir den richtigen Wert y_i; es ergibt sich $y_i - \hat{y}_i$ als *Vorhersagefehler*. Dann kann man die Konstante a_0 um einen Bruchteil des

Vorhersagefehlers verändern – war etwa die Vorhersage um 12 Einheiten zu groß, kann man die Konstante z. B. um 6 Einheiten verkleinern. Wir gehen von a_0 zu $a_0 + \alpha(y_i - \hat{y}_i)$ mit einem nicht zu großen positiven α über (bei $\alpha = 0$ erfolgt keine Korrektur, bei $\alpha = 1$ wird die Störung als bleibend angesehen und der gesamte Vorhersagefehler als Korrektur angebracht). Man kann nachweisen, daß der Einfluß immer weiter zurückliegender Daten auf die aktuelle Konstante entsprechend immer geringer wird. Besonders leicht sieht man das, wenn die ganze Vorhersagefunktion eine Konstante ist, $\hat{y} = a_0$. Indem diese Konstante immer wieder wie beschrieben korrigiert wird, erhält man

$$\hat{y}_i = \alpha \left[y_{i-1} + (1 - \alpha)y_{i-2} + (1 - \alpha)^2 y_{i-3} + \right.$$

$$\left. + \ldots + (1 - \alpha)^{s-1} y_{i-s} + (1 - \alpha)^s \frac{\hat{y}_{i-s}}{\alpha} \right].$$

Wegen $\alpha[1 + (1 - \alpha) + (1 - \alpha)^2 + \ldots] = 1$ ist die Vorhersage letztlich ein gewichtetes Mittel der eingetretenen Werte, wobei die neuesten Werte die größten Gewichte haben und zurückliegende Werte exponentiell abklingend einbezogen werden. Man nennt dieses bewährte einfache Verfahren auch *exponentielle Glättung*.

Ist morgen Badewetter?

Im Urlaub verfolgten Sigrun und Stephan die mittlere Tagestemperatur y_i und errechneten jeweils eine Prognose $\hat{y}_{i+1}$ für den nächsten Tag. Sie begannen mit $a_0 = 18.5$ Grad, der Temperatur vom 14. Juli (hier und im folgenden Originaldaten von Berlin).

Stephan benutzte die einfache exponentielle Glättung mit $\alpha = 0.5$. Er gab also $\hat{y}_1 = 18.5$ als Voraussage für den 15. Juli, doch in Wirklichkeit waren es dann 17.6. Daraus folgt für den 16.Juli die Prognose $\hat{y}_2 = 18,5 + 0.5 \cdot (17.6 - 18.5) = 18.05$, richtig war jedoch $y_2 = 16.5$. Also ergibt sich $\hat{y}_3 = 18.05 + 0.5 \cdot (16.5 - 18.05) = 17.27$ für den 17. Juli. Stephans Vorhersagen und die wahren Werte sind in Abb. 28 abzulesen. Der mittlere Vorhersagefehlerbetrag $|y_i - \hat{y}_i|$ war 2.08 Grad.

Sigrun unterstellte für die zweite Julihälfte den Trend, daß es in dieser Zeit wöchentlich ungefähr ein Grad wärmer werden müßte, d. h. täglich $\frac{1}{7}$ Grad. Sie benutzte also die Vorhersagefunktion $\hat{y}_i = a_0 + \frac{1}{7}i$ und korrigierte deren Konstante ebenfalls mit $\alpha = 0.5$. Sigruns Vorhersagen waren nur sehr wenig besser als Stephans – die wahren Werte (Abb. 28) folgten dem angenommenen Trend nur mit erheblichen Schwankungen.

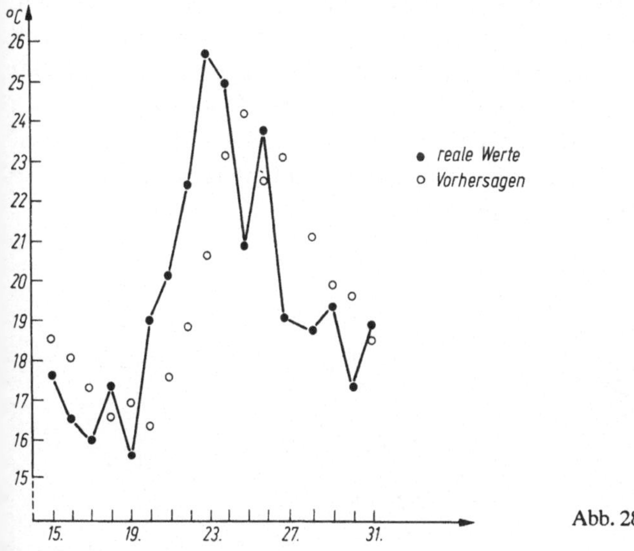

Abb. 28

Reserve 2: selbstlernende Systeme

Die Korrektur der Konstanten ist das einfachste Beispiel für das automatische Anpassen einer mathematischen Beschreibung an sich verändernde Sachverhalte, gelegentlich auch als „Lernen" bezeichnet. Meist ist es sinnvoll, nicht nur eine Konstante, sondern alle Größen der Vorhersagefunktion zu verändern. Beispielsweise benutzt man immer wieder die neuesten l Werte, um mittels Methode der kleinsten Quadrate den nächsten vorherzusagen (das l heißt *Lernschlauchlänge*). Ein zu kurzer Lernschlauch macht nervös jede vorübergehende Schwankung der Werte mit, ein zu langer Lernschlauch reagiert zu träge auf Veränderungen des realen Systems. Im übrigen

muß l natürlich größer sein als die Anzahl der Einflußgrößen bzw. Faktoren, damit die Methode der kleinsten Quadrate immer wieder anwendbar
ist. (Auf die Möglichkeit, beim „Weiterschieben" des Lernschlauchs nur die
Korrekturen auszurechnen, ohne die gesamte Rechnung wieder von vorn
zu beginnen, wollen wir hier nicht näher eingehen.)
Beim Tagestemperaturbeispiel könnte man etwa aus vier aufeinanderfolgenden bekannten Werten jeweils die Regressionsgerade berechnen und
mit ihr den nächsten Wert voraussagen. Abb. 29 skizziert das Vorgehen,
der Streifen parallel zur Regressionsgerade symbolisiert den Lernschlauch
der Länge 4, der täglich um eine Einheit nach rechts geschoben wird. Der
mittlere Vorhersagefehlerbetrag in unserem Beispiel sinkt auf 1.65. Das
ist ein recht gutes Ergebnis, wenn man bedenkt, daß wir die vielen einem
Wetteramt täglich vorliegenden Temperatur- und Luftdruckwerte aus ganz
Europa gar nicht mit einbezogen haben.

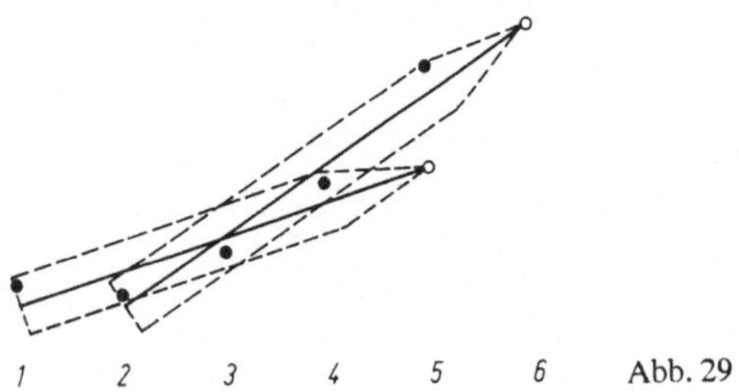

Abb. 29

Für die Stahlproduktion erwies sich eine Lernschlauchlänge von 60 als
günstig. Es gelang so, den Vorhersagefehler für die Sauerstoffmenge um
etwa $\frac{1}{3}$ zu verkleinern.

△ Programm „Methode der kleinsten Quadrate"
Auswertung der Meßreihen zu zwei Variablen durch Schätzen der Erwartungswerte, Streuungen, des Korrelationskoeffizienten und der Regressionsgerade.

```
5000 CLS: PRINT"METHODE DER KLEINSTEN ";
5010 PRINT"QUADRATE": PRINT: Q=4: D=200
5020 L=D+1:M=2:PRINT" (UND VORHERSAGE)";
5030 PRINT" ZU LETZTEM X-WERT)":GOTO 5830
5040 PRINT"EX=";EX/(II-1),"EY=";EY/(II-1)
5050 DX=SQR(DX/(II-2)):DY=SQR(DY/(II-2))
5060 PRINT"DX=";DX,"DY=";DY: K=DX*DY
5070 IF K>0 THEN PRINT"R=";DD/(II-2)/K
5080 GOTO 5780
```

Bei Benutzung außerhalb des Programmsystems müssen noch mindestens folgende Zeilen des
Programms „Lineare Vorhersage" angefügt werden: 5600 bis 5790, 5830 bis 5940.

△ Programm „Lineare Vorhersage"
Vorhersage des Funktionswertes für jeweils einen weiteren Argumentwert; wahlweise mittels
exponentieller Glättung, Glättung mit linearem Trend oder Lernschlauch vorgebbarer Länge.

```
5500 CLS:PRINT:PRINT" VORHERSAGE":PRINT
5510 PRINT"(1) EXPONENTIELLE GLAETTUNG"
5520 PRINT"(2) EXP.GLAETTUNG MIT TREND"
5530 PRINT"(3) LERNSCHLAUCH":PRINT:D=99
5540 INPUT"1 ODER 2 ODER 3 ?";Q: PRINT
5550 ON Q GOTO 5560,5580,5800
5560 INPUT"STARTVORHERSAGE=A MIT A=";A
5570 B=0: PRINT: GOTO 5590
5580 PRINT"STARTVORHERSAGE Z=A+B*X; ";
     :INPUT"A,B=";A,B: PRINT
5590 PRINT"GLAETTUNGSKONST. 0<ALPHA<1";
     :INPUT": ALPHA=";AL: M=0
5600 PRINT: PRINT"ABBRUCH BEI Y=END"
5610 FOR I = 1 TO 23: PRINT: NEXT
     :WINDOW 8,30,2,39
5620 DIM X(D): DIM Y(D): DIM Z(D)
5630 FOR I = 1 TO D: PRINT: PRINT"I=";I
5640 INPUT "ARGUMENT X   ="; X(I)
     :Z(I)=A+B*X(I)
5650 IF Q<4 AND I>M THEN PRINT
     "VORHERSAGE   =";Z(I)
5660 INPUT"WAHRER WERT Y=";Y$
5670 IF Y$="END" THEN II=I:I=D:GOTO 5690
5680 Y(I)=VAL(Y$):IF Q<3 THEN A=A+AL*
     (Y(I)-Z(I)): ELSE GOSUB 5850
5690 PRINT: NEXT: CLS
5700 PRINT:PRINT"ARGUMENT", "VORHERSAGE",
     "WAHRER WERT"
5710 IF Q=4 THEN FOR I=1 TO II: Z(I)=
     A+B*X(I): NEXT
5720 WINDOW 10,30,2,39 : FOR I = 1 TO II
     :PRINT X(I),
5730 IF Q=4 OR I>M THEN PRINT Z(I),:ELSE
     PRINT" ",
5740 IF I<II THEN PRINT Y(I): ELSE PRINT
5750 IF I/10=INT(I/10) THEN PRINT: INPUT
     "NACH KENNTNISNAHME ENTER";Y$
5760 NEXT:PRINT:PRINT"VORHERSAGE Z=";A;
     :IF Q>1 THEN PRINT"+";B;"*X"
5770 PRINT: IF Q=4 AND II>2 GOTO 5040
5780 INPUT"NACH KENNTNISNAHME ENTER";Y$
5790 WINDOW: RUN
5800 INPUT"ANZAHL GEGEBENER WERTE M=";M
5810 INPUT"LERNSCHLAUCHLAENGE L=";L
5820 IF M>=L THEN PRINT: ELSE PRINT
     "(FUER I<L KUERZER)"
5830 DIM Y2(D): DIM X2(D): DIM XY(D)
5840 EX=0:EY=0:X2=0:Y2=0:XY=0: GOTO 5600
5850 X2(I)=X(I)*X(I): Y2(I)=Y(I)*Y(I)
     :XY(I)=X(I)*Y(I)
5860 EX=EX+X(I): EY=EY+Y(I): X2=X2+X2(I)
     :Y2=Y2+Y2(I): XY=XY+XY(I)
5870 IF I=1 THEN A=Y(I):B=0:LL=1:RETURN
5880 K=I-L:IF LL<L THEN LL=LL+1:GOTO 5900
5890 EX=EX-X(K): EY=EY-Y(K): X2=X2-X2(K)
     :XY=XY-XY(K)
5900 DX=X2-EX*EX/LL: DY=Y2-EY*EY/LL
     :DD=XY-EX*EY/LL
5910 IF DX>1E-6*ABS(DD) THEN B=DD/DX
     :A=(EY-B*EX)/LL: RETURN
5920 P=0: FOR K = I-LL TO 1 STEP -1
5930 IF ABS(X(K)-EX/LL)<.001*(.001+ABS(
     X(K))) THEN NEXT:ELSE P=K:K=1:NEXT
5940 IF P=0 THEN A=EY/LL: B=0: RETURN
5950 B=(XY+XY(P)-(EX+X(P))*(EY+Y(P))/(LL+
     1))/(X2+X2(P)-(EX+X(P))^2/(LL+1))
5960 A=(EY+Y(P)-B*(EX+X(P)))/(LL+1):RETURN
```

Tagebauböschungen –
Sportlichkeit – Faktoranalyse

Gestaltung von Böschungen

In neuen oder neu anzulegenden Tagebauen liegen die Kohleflöze nicht selten tiefer als 100 m. Daraus entstehen große Probleme, auch bei der Projektierung. Je tiefer ein Tagebau werden soll, desto mehr Aufmerksamkeit muß der Gestaltung von Böschungen und Böschungssystemen gewidmet werden, damit bei einer zu steilen Böschung kein Erdrutsch entsteht. Bei zu flach gestalteten Böschungen hingegen muß zu viel Erdreich abgetragen werden, um an die Kohle heranzukommen. Das verursacht unnötig hohe Kosten und Verluste an land- und forstwirtschaftlich nutzbaren Flächen. Kann die Mathematik helfen, solche Probleme zu lösen?

Abb. 30

Unsere Aufgabe lautet: Eine Böschung ist so zu gestalten, daß die Risiken einer zu steilen Böschung minimiert werden und die Kosten für die Beseitigung des Abraumes möglichst gering bleiben, d. h. die Böschung nicht zu flach wird.

Für das Auffinden eines Lösungsansatzes betrachten wir zunächst das mechanische Geschehen beim Anlegen eines Tagebaues. Durch das Ausbaggern wird von einem sich im Gleichgewicht befindlichen Erdkörper ein Teil abgetragen. Dadurch tritt im verbleibenden Teil des Erdkörpers eine Entlastung ein, also eine Änderung des Spannungs–Verformungs–Verhaltens. Diese Veränderung kann bei zu steilen Böschungen zum teilweisen Abrutschen führen. Man spricht dann vom Bruch des Erdkörpers. Durch das Gewicht und die Schwingungen arbeitender Tagebaugroßgeräte wird die Neigung eines Erdkörpers zum Bruch noch wesentlich verstärkt (vgl. dazu Abb. 30).

Beispiel Sandburgenbau

Um dies zu verdeutlichen, betrachten wir das Bauen von Sandburgen und das Anlegen von Sandlöchern am Strand. Wir merken schnell, daß es bei einer gewissen Feuchtigkeit des Sandes möglich ist, die Böschungen der Burgen oder Löcher recht steil anzulegen. Nach ein paar Stunden aber, vor allem bei Sonneneinstrahlung, können wir beobachten, daß der Sand von den Böschungen herabrieselt und sich dadurch ein flacherer Böschungswinkel ergibt. Das ist ganz eindeutig auf das Trockenwerden des Sandes zurückzuführen. Bei Regenwetter können wir eine analoge Erscheinung beobachten; das kann soweit gehen, daß ganze Böschungen einstürzen. Oft halten auch solche „Bauwerke“ neugierigen Besuchern nicht stand, die, um sie anzusehen, zu nahe an sie herantreten. Die Belastung wird dann zu groß, und die Böschung bricht ein. Das alles hat seine Ursache in der Veränderung des Spannungs–Verformungs–Verhaltens des Sandes durch Austrocknen, Bewässern oder durch stärkere Belastung.
Zur Berechnung dieses Spannungs–Verformungs–Verhaltens von Körpern werden in der Regel die Gesetze der Mechanik angewendet. Auf einen Erdkörper aber sind diese Gesetze nicht ohne weiteres übertragbar, da ein solcher ein heterogenes Gemisch aus festen, flüssigen und gasförmigen Bestandteilen ist. Jede Komponente des Gemischs reagiert anders bei Veränderung des Spannungs–Verformungs–Verhaltens.
Um einen Erdkörper zu charakterisieren, muß man eine große Anzahl von bodenphysikalischen Merkmalen, wie z. B. Korngrößenverteilung, Wasserzahlen, Dichten, Festigkeitsparameter usw., in Betracht ziehen. Man

kann pauschal sagen, daß Größe, Gestalt, Verteilung und Anteil der unterschiedlichen Komponenten und die zwischen ihnen auftretenden Wechselwirkungen die Eigenschaften des Erdkörpers und damit das Spannungs–Verformungs–Verhalten bestimmen. Im Kapitel „Stahl" wurde bereits darauf hingewiesen, daß die gegenseitigen Abhängigkeiten von Einflußgrößen, die im vorliegenden Fall durch die Wechselwirkungen ausgedrückt werden, unbedingt beachtet werden müssen, weil sonst die Schlußfolgerungen völlig in die Irre gehen können. Das Spannungs–Verformungs–Verhalten kann nicht direkt gemessen werden, kommt aber in den bodenphysikalischen Einflußgrößen zum Ausdruck. Besteht der Boden z. B. aus trockenem Lehm, dann lassen sich sehr steile Böschungen schneiden. Die Frage ist nun, ob man aus den nicht unabhängigen bodenphysikalischen Parametern eine Größe „Spannungs–Verformungs–Verhalten" ermitteln kann und ob alle bodenphysikalischen Parameter erfaßt wurden bzw. ob alle erfaßten Parameter erforderlich sind.

Zur Erläuterung dieser nicht ganz einfachen Problematik wollen wir noch ein Beispiel aus unserer Erfahrungswelt betrachten.

Beispiel: Wer ist sportlich im allgemeinen?

Von zehn Kindern liegen die Zeiten x (in Sek.) im 60-m-Lauf und die Zeiten y (in Min.) im 400-m-Schwimmen vor. Es ist einleuchtend, daß diese Zeiten nicht unabhängig sind, denn in der Regel wird ein sportliches Kind sowohl schnell laufen als auch schnell schwimmen können. „Sportlichkeit" als solche ist zwar nicht meßbar, kommt aber in den Zeiten (oder auch anderen beobachtbaren Größen) zum Ausdruck. Da sich die „Sportlichkeit" in anderen Größen ausdrückt, wollen wir sie *Faktor* nennen. Wir suchen also einen Faktor f für die „Sportlichkeit" und nehmen hierzu an, daß die Laufzeit eine lineare Funktion von f sowie der speziellen Lauffähigkeit ist. In derselben Weise sei die Schwimmzeit eine Funktion von f und der speziellen Schwimmfähigkeit. Somit können wir schreiben

$$x = a_1 f + e_1,$$

$$y = a_2 f + e_2,$$

wobei x die Laufzeit, y die Schwimmzeit, f der Faktor „Sportlichkeit", e_1 die spezielle Lauffähigkeit, e_2 die spezielle Schwimmfähigkeit und a_1,

a_2 die Gewichte sind, mit denen der Faktor „Sportlichkeit" an der Lauf-
bzw. Schwimmzeit beteiligt ist. Diese Gewichte bezeichnet man als *Faktorladungen*. Die Frage ist nun, wie man die Faktorladungen a_1 und a_2 aus Meßwerten bestimmen kann. Mit der Berechnung der Faktorladungen und der damit zusammenhängenden obigen Darstellung von Erscheinungen in Form eines Faktormodells haben wir die im Kapitel „Stahl" aufgeworfene Frage der Verdichtung der Einflußgrößen auf eine geringere Anzahl von zusammengesetzten Größen – Faktoren – gleich mit beantwortet.
Wir müssen uns zunächst überlegen, wie wir die Abhängigkeiten zwischen der Lauf- und Schwimmzeit ausdrücken und berechnen können. Hierzu betrachten wir die konkreten Zeiten für die beiden sportlichen Aktivitäten der Tab. 9.

Kind	1	2	3	4	5	6	7	8	9	10
x	10	11	9	12	17	16	15	12	14	18
y	7	10	9	13	17	15	13	9	10	14

Tab. 9. Zeiten von 10 Kindern für den 60-m-Lauf und das 400-m-Schwimmen

Die gemessenen Zeiten der Tab. 9 sind Beobachtungen der zufälligen Größen x und y. Das sind Größen, die für verschiedene Kinder unterschiedliche Werte annehmen, ja sogar in Abhängigkeit von der Tagesform für jedes Kind schwanken können. Für den Nachweis von Abhängigkeiten zwischen solchen Größen wurde (vgl. Kapitel „Stahl") der *Korrelationskoeffizient* entwickelt. Er wird nach der Formel

$$r_{xy} = \frac{\sum_{i=1}^{n}(x_i - \bar{x})(y_i - \bar{y})}{\sqrt{\sum_{i=1}^{n}(x_i - \bar{x})^2 \sum_{i=1}^{n}(y_i - \bar{y})^2}}$$

geschätzt. Das in dieser Formel vorkommende Summenzeichen $\sum$ wird als Kürzel für die Summe $x_1 + x_2 + \ldots + x_n = \sum_{i=1}^{n} x_i$ verwendet. Das i wird Summationsindex genannt, x_i sind die n Summanden, wobei der Summationsindex i die Zahlen von 1 bis n durchläuft. Der Korrelationskoeffizient kann nur Werte zwischen -1 und $+1$ annehmen. Sind die Größen x und y unabhängig, dann wird der Korrelationskoeffizient Null. Sind die Größen x und y linear voneinander abhängig, dann wird er gleich ± 1. Umgekehrt kann man von der Größe des r_{xy} auf den Grad der linearen Abhängigkeit zwischen x und y schließen. Zum besseren Verständnis der Aussagekraft des Korrelationskoeffizienten betrachten wir zwei Abbildungen. Trägt man

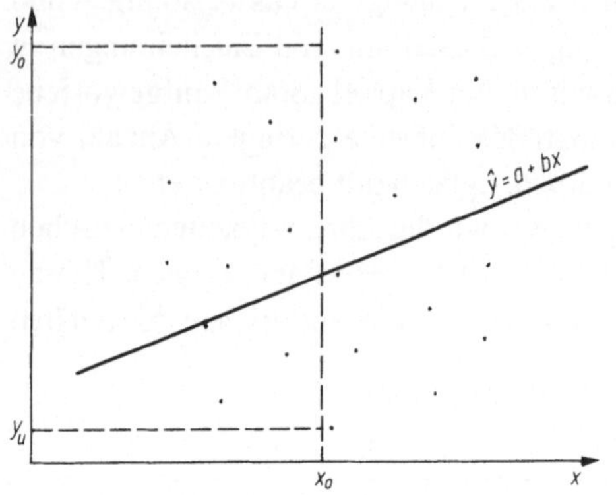

Abb. 31.
Geringe Abhängigkeit
zwischen x und y

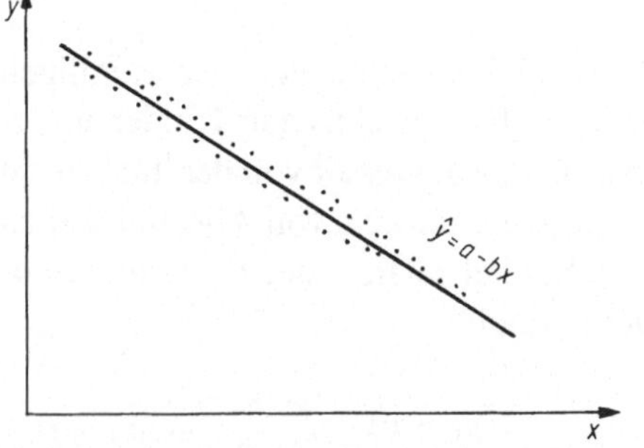

Abb. 32.
Starke Abhängigkeit
zwischen x und y

alle gemessenen Wertepaare für x und y in ein x-y-Koordinatensystem ein und erhält eine Abbildung ähnlich der Abb. 31, dann wird man von x kaum auf y schließen können, denn zu einem beliebigen Wert x_0 gehört ein y aus dem sehr breiten Intervall (y_u, y_o). Man sagt dann auch, daß die y-Werte stark um die Ausgleichgerade $y = a + bx$ streuen. In diesem Fall ist der Korrelationskoeffizient r_{xy} wenn nicht Null, so doch zumindest sehr klein. Erhält man eine Abbildung ähnlich der in Abb. 32, dann kann man daraus ablesen, daß der Korrelationskoeffizient negativ und sehr groß ist. Man kann in diesem Fall gut aus den Veränderungen von x auf die von y schließen.

Wir sehen also, daß uns der Korrelationskoeffizient sowohl die Richtung als auch die Güte des linearen Zusammenhanges zwischen zwei Zufallsgrößen angibt.

Für unser Beispiel erhalten wir den Korrelationskoeffizienten $r_{xy} = 0.84$, d. h., der Zusammenhang zwischen der 60-m-Laufzeit und der 400-m-Schwimmzeit ist sehr eng und positiv. Hieraus folgt, daß in der Regel ein guter Läufer kein schlechter Schwimmer sein wird.

Da der Korrelationskoeffizient einer Größe mit sich selbst gleich 1 ist, kann man dem Paar von Zufallsgrößen x, y die *Korrelationsmatrix*

$$R = \begin{pmatrix} 1 & r_{xy} \\ r_{yx} & 1 \end{pmatrix}$$

zuordnen. Wie man leicht sieht, ist $r_{yx} = r_{xy}$, d. h., R ist eine symmetrische Matrix.

Faktoranalyse

Zur Ermittlung der Faktorladungen a_1 und a_2 kann man die Korrelationsmatrix R verwenden. Aus mathematischen Ableitungen, die hier nicht nachvollzogen werden sollen, folgt, daß zunächst die quadratische Gleichung

$$\lambda^2 - 2\lambda + 1 - r_{xy}^2 = 0$$

zu lösen ist. Als Lösung erhält man

$$\lambda_1 = 1 + r_{xy} \qquad \text{und} \qquad \lambda_2 = 1 - r_{xy}.$$

Wenn r_{xy} groß ist, nehmen wir an größer als 0.5, dann ist nur mit λ_1 das folgende homogene lineare Gleichungssystem

$$(1 - \lambda_1)b_1 + r_{xy}b_2 = 0$$
$$r_{xy}b_1 + (1 - \lambda_1)b_2 = 0$$

zu lösen. Da $\lambda_1 = 1 + r_{xy}$, erhält man

$$-r_{xy}b_1 + r_{xy}b_2 = 0$$
$$r_{xy}b_1 - r_{xy}b_2 = 0$$

und damit $b_1 = b_2$. Nehmen wir $b_1 = b_2 = 1$ an, dann erhalten wir als Lösung für das Gleichungssystem den Lösungsvektor $b^\mathsf{T} = (1, 1)$. Für unsere weiteren Berechnungen müssen wir diesen Vektor auf die Länge 1 normieren. Das erreichen wir, indem jede Komponente des Vektors b durch seine Länge dividiert wird. Die Länge des Vektors b ist $\sqrt{2}$. Da aber außerdem $\frac{1}{\sqrt{2}} = \frac{1}{2}\sqrt{2}$ gilt, haben wir als Lösung den normierten Vektor

$$b'^\mathsf{T} = \left(\frac{1}{2}\sqrt{2}, \frac{1}{2}\sqrt{2} \right)$$

erhalten. Multiplizieren wir diesen Vektor b' noch mit $\sqrt{\lambda_1}$, dann erhalten wir den Vektor

$$a^\mathsf{T} = (a_1, a_2) = \left(\frac{1}{2}\sqrt{2\lambda_1}, \frac{1}{2}\sqrt{2\lambda_1} \right)$$

der Faktorladungen.

Für unser kleines Beispiel können wir hiernach die Faktorladungen berechnen. Als Lösung der quadratischen Gleichung erhalten wir die Werte

$$\lambda_1 = 1.84, \qquad \lambda_2 = 0.16.$$

Wegen $r_{xy} > 0.5$ brauchen wir nur für λ_1 das homogene lineare Gleichungssystem zu lösen und erhalten den normierten Lösungsvektor

$$b'^\mathsf{T} = \left(\frac{1}{2}\sqrt{2}, \frac{1}{2}\sqrt{2} \right)$$

und damit

$$a^\mathsf{T} = (0.959, 0.959).$$

Setzt man diese Faktorladungen in das Modell ein, so erhält man

$$x = 0.959 f + e_1$$
$$y = 0.959 f + e_2.$$

Für die Interpretation des Ergebnisses müssen wir beachten, daß die Faktorladungen a_1 und a_2 ebenfalls als Korrelationskoeffizienten anzusehen sind, dieses Mal zwischen den Merkmalen „Zeit des 60-m-Laufes" und „Zeit des 400-m-Schwimmens" und dem Faktor f. Damit können wir ein erstes Ergebnis formulieren. Die beiden sportlichen Leistungen sind mit dem Faktor „Sportlichkeit" gleich hoch korreliert. Für dieses kleine Beispiel könnte man also aussagen, daß ein Kind mit guten Zeiten im 60-m-Lauf und guten Zeiten für die 400-m-Schwimmstrecke als sportlich bezeichnet werden kann. Die Güte der Aussage wird durch die beiden Zahlen $1 - a_1^2$ und $1 - a_2^2$ beurteilt. Da diese beiden Zahlen ebenfalls gleich und sehr klein sind, kann dieser Schluß sehr sicher gezogen werden.

Faktorwertschätzung

Der Sportlehrer, um bei unserem Beispiel zu bleiben, ist aber nicht nur an einer solchen pauschalen Aussage interessiert, sondern er möchte für die Zensurengebung jedem Schüler einen konkreten Wert für die Sportlichkeit zuordnen. Das ist natürlich möglich. Aus wiederum umfangreichen mathematischen Ableitungen folgt, daß wir hierzu die Größen $v_1, \ldots, v_{10}$ für jene zehn Kinder, die wir Faktorwerte nennen, nach der etwas komplizierten Beziehung

$$v_i = (x_i', y_i') \begin{pmatrix} 1 - a_1^2 & 0 \\ 0 & 1 - a_2^2 \end{pmatrix}^{-1} \begin{pmatrix} a_1 \\ a_2 \end{pmatrix}$$

$$\times \left[(a_1, a_2) \begin{pmatrix} 1 - a_1^2 & 0 \\ 0 & 1 - a_2^2 \end{pmatrix}^{-1} \begin{pmatrix} a_1 \\ a_2 \end{pmatrix} \right]^{-1}$$

$$i = 1, \ldots, 10,$$

berechnen müssen. Dabei bezeichnen die Striche an x_i, y_i, daß die ursprünglichen Werte standardisiert wurden, d. h., von jedem Wert wurde der Mittelwert subtrahiert und anschließend die Differenz durch die Streuung dividiert. Die Mittelwerte sind $\bar{x} = 13.4$ und $\bar{y} = 11.7$. Die Streuungen sind

$s_x = 3.06$ und $s_y = 3.16$. Mit den bisher berechneten Werten ergibt sich

$$v_i = (x_i', y_i') \begin{pmatrix} 0.08030 & 0 \\ 0 & 0.08030 \end{pmatrix}^{-1} \begin{pmatrix} 0.959 \\ 0.959 \end{pmatrix}$$

$$\times \left[(0.959, 0.959) \begin{pmatrix} 0.08030 & 0 \\ 0 & 0.08030 \end{pmatrix}^{-1} \begin{pmatrix} 0.959 \\ 0.959 \end{pmatrix} \right]^{-1}$$

$$= (x_i', y_i') \begin{pmatrix} 12.4533 & 0 \\ 0 & 12.4533 \end{pmatrix} \begin{pmatrix} 0.959 \\ 0.959 \end{pmatrix}$$

$$\times \left[(0.959, 0.959) \begin{pmatrix} 12.4533 & 0 \\ 0 & 12.4533 \end{pmatrix} \begin{pmatrix} 0.959 \\ 0.959 \end{pmatrix} \right]^{-1}$$

$$= (x_i', y_i') \begin{pmatrix} 12.4533 & 0 \\ 0 & 12.4533 \end{pmatrix} \begin{pmatrix} 0.959 \\ 0.959 \end{pmatrix} 0.04366$$

$$= (x_i', y_i') \begin{pmatrix} 0.5214 \\ 0.5214 \end{pmatrix} .$$

Damit erhalten wir die Faktorwerte für die zehn Kinder in der Reihenfolge der Tab. 9:

$$(-1.35; -0.68; -1.19; -0.03; 1.49; 0.98; 0.48; -0.68; -0.17; 1.16).$$

Der Sportlehrer kann nun Klassen bilden und damit die Zensuren zuordnen, wobei der Schüler mit dem niedrigsten Faktorwert der sportlichste ist. Wir erhalten also die Rangfolge:

Rangplatz	1	2	3	4	5	6	7	8	9	10
Schüler	1	3	2	8	9	4	7	6	10	5

Für dieses einfache Beispiel mit nur zwei sportlichen Leistungen hätte man die Lösung natürlich auch durch Erfahrung abschätzen können. Bei drei und mehreren Merkmalen jedoch ist das kaum mehr möglich.
Betrachten wir z. B. zusätzlich zu den beiden bisherigen sportlichen Leistungen noch die Platzziffernbewertung einer gymnastischen Disziplin für die zehn Kinder:

Schüler	1	2	3	4	5	6	7	8	9	10
Platzziffer	0.8	0.5	0.6	0.3	0.1	0.2	0.3	0.5	0.6	0.3

Dann erhalten wir die Korrelationsmatrix

$$R = \begin{pmatrix} 1 & 0.8394 & -0.7729 \\ & 1 & -0.9722 \\ & & 1 \end{pmatrix}$$

Hieraus läßt sich ablesen, daß sowohl die Leistungen im 60-m-Lauf als auch die Leistungen im 400-m-Schwimmen mit der Gymnastik negativ korreliert sind und zwar unterschiedlich hoch. Zur Berechnung der Faktorladungen muß eine kubische Gleichung

$$\lambda^3 - 3\lambda^2 - 0.76\lambda + 0.0156 = 0$$

gelöst werden. Als Lösung erhält man

$$\lambda_1 = 2.6195, \qquad \lambda_2 = 0.263 \qquad \text{und} \qquad \lambda_3 = 0.0226.$$

Die Lösung des homogenen linearen Gleichungssystems, das jetzt aus drei Gleichungen mit drei Unbekannten besteht, und die anschließende Multiplikation mit $\sqrt{\lambda_1}$ liefert uns die Lösung

$$\begin{aligned} x &= -0.8434f + e_1, \\ y &= -0.9951f + e_2, \\ z &= 0.9581f + e_3. \end{aligned}$$

Die Faktorladungen dieser drei sportlichen Leistungen sind sehr groß. Die Ladung der Platzziffer z mit dem Faktor ist am kleinsten und besitzt ein anderes Vorzeichen. Da die Faktorladungen invariant bezüglich der Drehung des Koordinatensystems sind, können wir für den Vektor der Faktorladungen auch schreiben

$$a^\top = (0.8434; 0.9951; 0.9581(-1)).$$

Für eine gerechte Bewertung der sportlichen Leistungen wollen wir auch hier die Faktorwerte berechnen. Die Meßwerte für z werden mit $\bar{z} = 0.43$ und $s_z = 0.214$ standardisiert, und in Tab. 10 haben wir die standardisierten Werte für x, y und z sowie die Faktorwerte zusammengestellt.

Kind	1	2	3	4	5	6	7	8	9	10
x	-1.11	-0.68	-1.44	-0.46	1.18	0.85	0.52	-0.46	0.20	1.50
y	-1.49	-0.54	-0.85	0.41	1.68	1.04	0.41	-0.85	-0.54	0.73
z	1.77	0.37	0.84	-0.56	-1.49	-1.03	-0.56	0.37	0.84	-0.56
f	-1.53	-0.53	-0.87	0.41	1.70	1.05	0.43	-0.80	-0.57	0.74
Platz	1	5	2	6	10	9	7	3	4	8

Tab. 10. Standardisierte Werte für die sportlichen Leistungen und Faktorwerte

Aus dieser Tabelle kann man ablesen, daß sich bei Hinzunahme des gymnastischen Merkmals z die „Sportlichkeit" von vorhin – ausgedrückt in den Faktorwerten – verändert. Die zwei sportlichsten Schüler bleiben zwar in der Rangfolge vorn, aber für andere ändert sich ihr Rangplatz.

Lösung bodenmechanischer Probleme

In den Labors für Bodenmechanik werden Bodenproben analysiert, die zufällig dem Erdkörper, auf dem der Tagebau entstehen soll, entnommen wurden. Die Anzahl dieser Proben und die Anzahl der untersuchten bzw. gemessenen bodenphysikalischen Merkmale ist sehr groß, so daß die Berechnungen, welche nach dem demonstrierten Verfahren durchzuführen sind, sehr umfangreich werden. Ohne Computer hat man in den meisten Fällen keine Chance, eine Lösung zu finden. Deswegen wurden für Großrechner entsprechende leistungsfähige Programme entwickelt. Bei vielen Merkmalen kommt man in der Regel auch nicht mehr mit nur einem Faktor aus, sondern muß mehrere berechnen, so daß entsprechend der Anzahl der Faktoren, nennen wir sie p ($p < n$; n ist die Anzahl der Merkmale), auch p homogene lineare Gleichungssysteme gelöst werden müssen. Hinzu kommt, daß bei mehr als einem Faktor die Lösung nicht mehr eindeutig ist und somit keine eindeutige inhaltliche Interpretation der Faktoren erlaubt. Es muß dann eine zusätzlicher Auswertung, die sogenannte Rotation der Faktoren, vorgenommen werden. Dazu kommt, daß zu Beginn der Berechnungen die Anzahl der Faktoren nicht bekannt ist und aufgrund geeigneter Verfahren geschätzt werden muß.
Für die Lösung bodenmechanischer Probleme wurden diese Fragen beantwortet. Die gefundenen Verfahren wurden in die Programme zur Be-

rechnung der Faktoranalyse implementiert. Die Analyse des Spannungs–Verformungs–Verhaltens wurde in der Regel mit ca. 20 Parametern, die an ca. 80 bis 100 Bodenproben gemessen wurden, vorgenommen. Als Ergebnis erhält man 5 und mehr Faktoren. Neben den Faktoren werden statistische Meßzahlen für Genauigkeitsaussagen berechnet. Diese erlauben nützliche bodenmechanische Interpretationen. Mit Hilfe der Rotationsverfahren werden die bodenmechanischen Parameter hinsichtlich ihres Einflusses auf das Spannungs–Verformungs–Verhalten in eine Rangfolge geordnet. Das sind für den Bodenmechaniker nützliche Aussagen, erlauben doch gerade sie, unwesentliche Parameter zu erkennen und in späteren Analysen zu eliminieren. Andererseits liefern natürlich die Rangfolgen die wesentlichen bodenphysikalischen Parameter, auf deren Veränderung bei der Projektierung eines Tagebaues besonders geachtet werden muß. Für weiterführende Analysen werden mit den Faktorwerten Regressionsanalysen durchgeführt. Diese dienen dazu, aus den Veränderungen einiger oder aller bodenphysikalischen Parameter die Veränderung des Spannungs–Verformungs–Verhaltens abzuschätzen. Diese Untersuchungen sind wichtig, da sich ja einige bodenphysikalische Merkmale in Abhängigkeit vom Fortschreiten des Tagebaues, aber auch in Abhängigkeit von klimatischen Bedingungen verändern und damit das Spannungs–Verformungs–Verhalten Änderungen unterliegt, die bei Nichtbeachtung schnell zum Bruch des Erdkörpers führen können. In Abhängigkeit vom Spannungs–Verformungs–Verhalten wird der Böschungswinkel und der Abstand der Tagebaugroßgeräte zur Böschungskante bestimmt.

△   Programm „Faktoranalyse"
Berechnung der statistischen Maßzahlen, der Korrelationsmatrix und der Faktorladungen für
einen gemeinsamen Faktor in drei Einflußgrößen.

```
7000 N=3:GOSUB 7530
7010 DIM A(N,N),X1(N),X2(N),R(N,2*N)
7020 DIM X$(N),CO(N),X(N)
7030 CLS:PRINT:PRINT:PRINT:N=3
7040 INPUT "ANZAHL DER STICHPROBEN M=";M
7050 CLS:FOR I=1 TO M:Q=Q+1
7060 FOR J=1 TO N:T0=0
7070 IF T0=2 THEN Q=Q-1:GOTO 7180
7080 PRINT "X(";I;",";J;:INPUT")=";X$(J)
7090 X(J-1)=VAL(X$(J)):X$(J)="":NEXT
7100 PRINT:IF I<4 THEN 7150
7110 FOR L=0 TO N-1
7120 CC=(Q-2)+(X2(L)/2)
7130 CO(L)=3*(A(L,L)-(X1(L)^2/(Q-1)))/CC
7140 NEXT
7150 FOR K=0 TO N-1:FOR L=0 TO N-1
7160 A(K,L)=X(K)*X(L)+A(K,L):NEXT
7170 X1(K)=X1(K)+X(K):X2(K)=X1(K)/Q
7180 NEXT:NEXT:CO=0:CLS:M=Q
7190 PRINT "1. MITTELWERTE:":PRINT
7200 FOR I=0 TO N-1
7210 PRINT "X(";I+1;")=";X2(I):NEXT
7220 FOR I=0 TO N-1:FOR J=0 TO N-1
7230 A(I,J)=A(I,J)-(X1(I)*X1(J)/Q)
7240 NEXT:NEXT:PRINT:PRINT
7250 PRINT "2. GESCHAETZTE STICHPROBEN";
7260 PRINT "VARIANZEN":PRINT
7270 FOR I=0 TO N-1
7280 PRINT "S(";I+1;")=";SQR(A(I,I)/(Q-1))
7290 NEXT:FOR L=0 TO N-2:FOR O=L+1 TO N-1
7300 AA=A(L,L)*A(O,O)/(Q-1)^2
7310 A(L,O)=A(L,O)/(Q-1)/SQR(AA)
7320 R(L,O)=A(L,O):R(O,L)=A(L,O)
7330 R(L,L)=1:R(N-1,N-1)=1
7340 NEXT:NEXT:PRINT:PRINT
7350 PRINT "3. SCHAETZUNG DER KORRELA";
7360 PRINT "TIONSMATRIX":PRINT
7370 FOR I=0 TO N-1:FOR J=0 TO N-1
7380 IF J<I THEN R(I,J)=R(J,I)
7390 PRINT R(I,J),
7400 NEXT:NEXT:PRINT:PRINT
7410 PRINT "4. FAKTORLADUNGEN":PRINT
7420 A1=(R(0,1)*R(0,2))/R(1,2)
7430 PRINT "A( 1 )=";SQR(A1)
7440 A2=(R(0,1)*R(1,2))/R(0,2)
7450 PRINT "A( 2 )=";SQR(A2)
7460 A3=(R(0,2)*R(1,2))/R(0,1)
7470 PRINT "A( 3 )=";SQR(A3)
7480 PRINT:PRINT "SOLL MIT ANDEREN ";
7490 PRINT "WERTEN NEU GESTARTET"
7500 PRINT "  WERDEN?";
7510 INPUT "";A$:IF A$="J" THEN RUN 7030
7520 IF A$="N" THEN RUN:ELSE 7510
7530 WINDOW:CLS:PRINT:PRINT
7540 PRINT "         FAKTORANALYSE"
7550 PRINT "         ************"
7560 PRINT:PRINT:PRINT:PRINT
7570 PRINT "  INHALT DES PROGRAMMS:"
7580 PRINT:PRINT "1. MITTELWERTE":PRINT
7590 PRINT "2. SCHAETZUNG DER VARIANZEN"
7600 PRINT:PRINT "3. SCHAETZUNG DER ";
7610 PRINT "KORRELATIONSMATRIX":PRINT
7620 PRINT "4. FAKTORLADUNGEN":PRINT
7630 PRINT:PRINT:PRINT:PRINT
7640 PRINT "WEITER (J)?";
7650 INPUT "";W$:IF W$="" THEN 7650
7660 RETURN
```

Meßgeräte – Eislaufkür – Gleichungen

Das grenzt an Hexerei

Ein Chemiebetrieb hatte uns eine Aufgabe gestellt, die sich für Außenstehende so beschreiben läßt: In einem Zimmer haben wir zwei Waagen ohne systematische Fehler, 1000 Kieselsteine, zwei Zettel, einen Bleistift. Jeder Kieselstein wird genau einmal auf Waage I und genau einmal auf Waage II gewogen. Die Ergebnisse x_1, x_2, ..., x_{1000} von Waage I notieren wir auf den einen Zettel, die y_1, y_2, ..., y_{1000} von Waage II auf den anderen. Allein anhand dieser Zettel soll der Mathematiker sagen, ob eine Waage genauer als die andere ist und wenn ja um wieviel.

Nicht nur Laien schüttelten da den Kopf. Ein Kollege sagte uns, das könne nur mit Hexerei gehen, denn wir hätten 2000 Daten, aber 3000 Unbekannte (1000 Kieselsteinmassen, 1000 Meßfehler auf I, 1000 Meßfehler auf II). Nach dieser Logik würde eine dritte Waage mit einem dritten Zettel auch nichts nützen – aber bei drei Meßreihen kannten wir eine gute Kontrollmöglichkeit! Man kann dann drei paarweise Differenzen bilden: $x_i - y_i$, $x_i - z_i$, $y_i - z_i$. Durch die Differenzbildung heben sich die unbekannten Kieselsteinmassen heraus, und wir haben für jedes Waagenpaar 1000 Daten für die Meßgenauigkeitseinschätzung. Wenn σ_x^2 die Ungenauigkeit von I und σ_y^2 die von II charakterisiert (die *Varianzen* der zufälligen Meßfehler, vgl. Kapitel „Stahl"), so erhält man zunächst durch

$$b_{xy} = \frac{1}{1000}[(x_1 - y_1)^2 + \ldots + (x_{1000} - y_{1000})^2]$$

$$= \frac{1}{1000} \sum_{i=1}^{1000} (x_i - y_i)^2$$

eine Schätzung für $(\sigma_x^2 + \sigma_y^2)$. Aus dieser Schätzung und den analogen b_{xz} und b_{yz} sind dann Werte für σ_x^2, σ_y^2, σ_z^2 leicht auszurechnen.

Warum geht das bei nur zwei Meßreihen nicht? Weil man dann nur eine Differenz bilden kann, also nur $(\sigma_x^2 + \sigma_y^2)$ abschätzen kann ohne Möglichkeit des Schließens auf σ_x^2, σ_y^2 einzeln.

Vielleicht sagt nun jemand: alles nicht so schlimm, denn die Genauigkeit von Waagen testet man anders. Man legt 1000mal ein Massestück mit bekannter Masse μ auf und schätzt $\sigma_x^2 \approx \frac{1}{1000} \sum_{i=1}^{1000} (x_i - \mu)^2$. Oder schlimmstenfalls legt man 1000mal denselben Kieselstein auf, nimmt das arithmetische Mittel $\bar{x}$ als Näherung für dessen Masse und schätzt $\sigma_x^2 \approx \frac{1}{999} \sum_{i=1}^{1000} (x_i - \bar{x})^2$. Das wurde im Kapitel „Stahl" bereits erläutert.

Prozeßbilanzierung

Ein Betriebsteil I liefert durch eine Rohrleitung ein Zwischenprodukt an den Betriebsteil II. Die pro Zeiteinheit fließenden Mengen werden am Ausgang von I und am Eingang von II gemessen, vgl. Abb. 33.

Die Produktion läuft 24 Stunden am Tag, so daß wir nicht wiederholt eine bekannte Menge oder wenigstens mehrfach dieselbe Menge durch die Meßgeräte leiten können, um deren Genauigkeit zu schätzen.

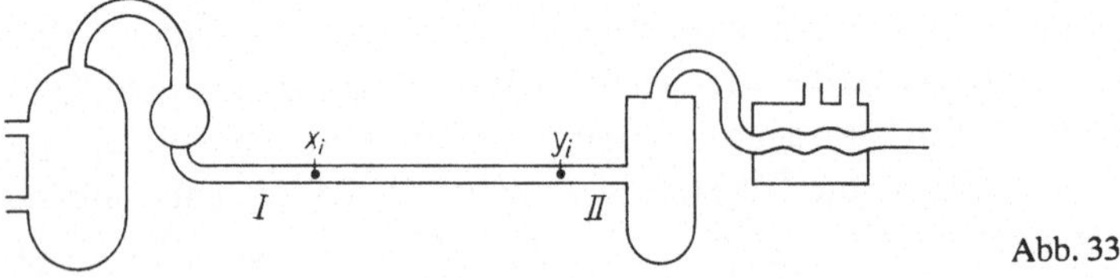

Abb. 33

Aber man braucht Angaben über die Genauigkeit, weil die durch das Rohr fließende „wahre" Menge als *gewichtetes Mittel* (vgl. Kapitel „Benzin") der beiden Meßwerte geschätzt wird, bei dem die Angabe des genaueren Gerätes entsprechend stärkeres Gewicht erhält. Vor allem aber muß ein großer Genauigkeitsunterschied der Geräte deshalb erkannt werden, weil dies auf einen Defekt des „ungenaueren" Gerätes hinweist. Bei automatisierter Produktion werden die Geräte über lange Zeit von keinem Menschen in Augenschein genommen, d. h., ihr Funktionieren muß allein anhand der von ihnen übermittelten Werte von der Meßwarte aus zu überwachen sein. Bei der in Abb. 33 gezeigten Anordnung ist das aber schwierig. Besser wäre es, am Rohr noch ein drittes Gerät anzubringen, analog zu unserem Beispiel mit den Waagen.

Selbst wenn man allein die Mengenmessungen betrachtet, sind die Verhältnisse in einer großen Chemieanlage komplizierter als in Abb. 33; vgl. etwa Abb. 34. Es ist eine allgemeine Theorie notwendig, um zu entscheiden, ob und wie eine Meßanordnung überhaupt eine Genauigkeitskontrolle zuläßt bzw. sogar eine „gute" (wie bei drei Waagen) – und das möglichst schon vor dem Bau der Chemieanlage.

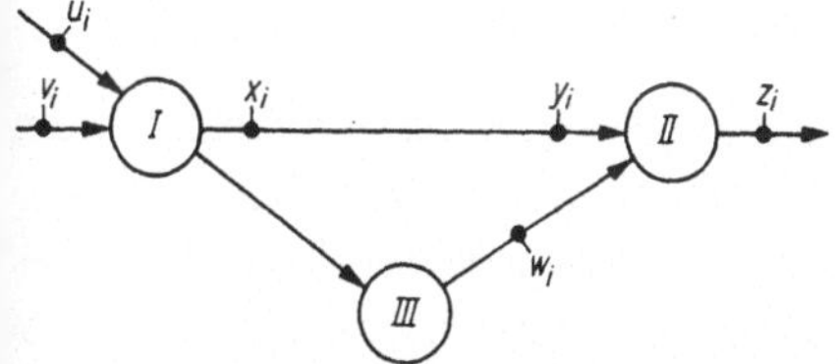

Abb. 34

Die Beziehungen zwischen Meßgrößen einer Anordnung wie in Abb. 34 kann man beschreiben, indem man unabhängig variierende Größen auswählt und die anderen durch diese darstellt. In unserem Beispiel wählen wir u, v, y als unabhängige Variable für die wahren Größen (wenn man zwei von ihnen kennt, kann man nicht auf die dritte schließen) und stellen die anderen durch sie dar:

$$w = u + v - y$$
$$x = 0u + 0v + y$$
$$z = u + v + 0y$$

Wir fassen die Koeffizienten der Darstellung zu einem rechteckigen Schema zusammen, zu einer *Matrix* (vgl. Kapitel „Benzin"):

$$Q = \begin{pmatrix} 1 & 1 & -1 \\ 0 & 0 & 1 \\ 1 & 1 & 0 \end{pmatrix}$$

Diese Matrix Q bringt die ganze Problematik der Genauigkeitskontrolle für die Meßanordnung zum Ausdruck. Aber wie?

Volkszählung in Indien

Das Meßproblem war Gegenstand der Doktorarbeit des Autors dieser Zeilen. Ich schrieb über unser Problem einen Brief nach Rußland an Prof. J. W. LINNIK (1915-1976). Er antwortete freundlich mit einigen Hinweisen, und eines Vormittags sprach ich zu einem Besuch bei ihm vor. Er konnte mir noch keine Lösung sagen, hatte aber in Erwartung meines Besuches eine Stunde zuvor mit seinem indischen Kollegen Prof. C. R. RAO (geb. 1920) gesprochen, der am Nachmittag einen Vortrag an der dortigen Universität halten wollte. Dieser hatte zugesagt, im Vortrag auf „meine" Probleme mit einzugehen.

Natürlich war ich ein wenig stolz: Zwei weltberühmte Mathematiker schenkten meinem Problem ihre Aufmerksamkeit. Doch zugleich war ich auch ein wenig betrübt: Seit Monaten hatte ich ohne wesentliches Resultat über dieses Kernproblem meiner Doktorarbeit nachgedacht, und nun löste es jemand zwischen Vormittag und Nachmittag.

Aber auch Prof. RAO hatte sich schon längere Zeit mit einer ähnlichen Problematik beschäftigt. Bei einer Volkszählung in Indien waren nämlich in verschiedenen Teilen dieses großen Landes mit unterschiedlichen Methoden Daten erfaßt worden, deren Zuverlässigkeit nun nachträglich aus den Daten selbst analysiert werden sollte. Dafür hatte Prof. RAO eine allgemeine mathematische Theorie erarbeitet, und unsere Prozeßbilanzierung im Chemiebetrieb war eine Aufgabe der gleichen Art.

$$
Q = \begin{pmatrix} 1 & 1 & -1 \\ 0 & 0 & 1 \\ 1 & 1 & 0 \end{pmatrix}
\qquad
\begin{aligned}
\left.\begin{matrix} 1 & 1 & -1 \\ 0 & 0 & 1 \end{matrix}\right\} & \; 0 \quad 0 \quad -1 \\[1em]
\left.\begin{matrix} 1 & 1 & -1 \\ 1 & 1 & 0 \end{matrix}\right\} & \; 1 \quad 0 \quad 0 \\[1em]
\left.\begin{matrix} 0 & 0 & 1 \\ 1 & 1 & 0 \end{matrix}\right\} & \; 0 \quad 0 \quad 0
\end{aligned}
\qquad
A = \begin{pmatrix} 0 & 0 & -1 \\ 1 & 1 & 0 \\ 0 & 0 & 0 \end{pmatrix}
$$

Tab. 11

Ein Teilergebnis von RAOs Theorie (aufbereitet für den Rahmen des vorliegenden Buches) besagt: Bilde aus jedem Paar verschiedener Zeilen von Q, also $(q_1, q_2, \ldots, q_n)$ und $(q_1', q_2', \ldots, q_n')$, eine neue Zeile

$(q_1 q_1', q_2 q_2', \ldots, q_n q_n')$ und fasse die entstehenden Zeilen zu einer Matrix A zusammen (Tab. 11).

Betrachte mit Koeffizientenmatrix A das Gleichungssystem mit rechten Seiten 0:

$$0u + 0v - 1y = 0$$

$$1u + 1v + 0y = 0$$

$$0u + 0v + 0y = 0$$

Genau dann, wenn dieses System nur die 0-Lösung hat (alle Variablen 0 sein *müssen*), gibt es eine gute Kontrollmöglichkeit aller Meßgenauigkeiten (RAO erläuterte dann auch, wie man diese erhält). In unserem Beispiel existiert z. B. auch die Lösung $u = 7$, $v = -7$, $y = 0$, und somit gibt es keine gute Kontrolle. In solchen Fällen entsteht die Frage, ob überhaupt Kontrollmöglichkeiten bestehen. Diese Frage beantwortete RAOs Vortrag nicht. Doch seine Grundidee war so weitreichend, daß mir eine Woche später klar wurde: Eine Kontrollmöglichkeit existiert genau dann, wenn in jeder Spalte von Q mindestens ein Element verschieden von 0 ist, und es ergab sich auch, wie man dann eine Schätzung der Genauigkeiten erhält. Bei obigem Q lassen sich also alle sechs Geräte kontrollieren (übrigens vier davon „gut"). Man muß noch mindestens ein Meßgerät anbringen, damit alle sieben Geräte gut kontrolliert werden können. Beim Betrachten von Abb. 34 tippen die meisten auf das Rohr zwischen I und III. Aber man muß das siebente Gerät am gleichen Rohr wie u oder v anbringen. Bei einer solchen guten Meßanordnung genügen wenige Dutzend Messungen, um ein unzuverlässiges Gerät zu erkennen, d. h., man bemerkt einen Defekt rechtzeitig. Ist die Meßanordnung aber nicht gut, bemerkt man ihn meist zu spät. Bei unserem Kieselsteinbeispiel mit zwei Waagen (oder dem Beispiel in Abb. 33) gibt es folgende nicht gute Kontrollmöglichkeit:

$$\sigma_x^2 \approx \frac{1}{999} \sum_{i=1}^{1000} [(x_i - \bar{x})^2 - (x_i - \bar{x})(y_i - \bar{y})],$$

$$\sigma_y^2 \approx \frac{1}{999} \sum_{i=1}^{1000} [(y_i - \bar{y})^2 - (x_i - \bar{x})(y_i - \bar{y})].$$

1000 Kieselsteine sind hier noch ziemlich wenig, um aus dem Unterschied zwischen beiden Schätzungen auf einen Unterschied der Waagegenauigkeiten zu schließen.

Eislaufkür

A	5,7	5,8	5,8	6,0	5,8	5,7	5,8	5,8	5,7
B	5,9	5,9	5,9	5,9	6,0	5,9	6,0	6,0	5,9

Abb. 35

Bei einer Eiskunstlaufmeisterschaft starten etwa 20 Sportlerinnen. Für die Rangfolge ist die Summe der sportlichen und künstlerischen Bewertung wesentlich, das ist eine Zahl zwischen 0.0 und 12.0. Die „wahren" Bewertungen der Küren sind noch viel weniger angebbar als die Massen von 20 Kieselsteinen; es liegen nur die fehlerbehafteten „Messungen" durch die Preisrichter vor (Abb. 35).

Bei nur zwei Preisrichtern wäre es nicht gut möglich, allein aus den Wertungen auf die Qualifikation (und die Fairneß) dieser Preisrichter schließen zu wollen. Mit drei Preisrichtern beginnt der Bereich der „guten" Meßanordnungen. Der Einsatz von weiteren Preisrichtern gestattet eine noch bessere Kontrolle. Bei neun Preisrichtern kann man einfach so vorgehen, daß jeweils die Durchschnittswertung der anderen acht als Ersatz für den wahren Wert genommen wird, wenn die Zuverlässigkeit des betrachteten Preisrichters eingeschätzt werden soll:

$$\sigma_x^2 \approx \frac{1}{20} \sum_{i=1}^{20} \left[x_i - \frac{y_{i_1} + \ldots + y_{i_8}}{8} \right]^2 .$$

Damit nicht ein Preisrichter schlecht wegkommt, der *gleichmäßig* strenger oder milder als andere wertet, muß das noch durch Abziehen des mittleren Wertes des jeweiligen Preisrichters korrigiert werden:

$$\sigma_x^2 \approx \frac{1}{20} \sum_{i=1}^{20} \left[(x_i - \bar{x}) - \frac{(y_{i_1} - \bar{y}_1) + \ldots + (y_{i_8} - \bar{y}_8)}{8} \right]^2 .$$

Läuferin	Bewertung durch die Preisrichter								
	1	2	3	4	5	6	7	8	9
1	11.0	10.9	11.0	10.7	10.9	10.7	10.9	10.9	10.9
2	11.0	11.1	10.9	11.1	11.0	11.0	11.1	11.2	11.0
3	10.9	10.9	10.9	10.9	10.9	10.9	10.9	10.8	10.6
4	11.2	11.2	11.0	11.2	11.1	11.3	11.0	11.1	11.1
5	11.9	11.9	11.9	12.0	12.0	11.8	11.8	11.9	11.9
6	10.9	10.6	10.8	10.7	10.6	10.9	10.9	10.7	10.9
7	11.8	11.8	11.9	11.9	11.9	11.8	11.8	12.0	11.9
8	11.2	11.1	11.3	11.1	11.3	11.3	11.3	11.2	11.5
9	10.9	10.9	10.9	11.0	10.8	10.9	10.6	10.8	11.0
10	10.0	10.0	10.2	10.1	10.0	10.1	10.0	10.1	10.2
11	10.9	11.0	11.0	11.0	11.2	10.9	11.2	11.0	11.0
12	10.8	11.1	10.8	10.8	10.9	10.9	10.9	10.9	10.9
13	11.1	11.3	11.1	11.3	11.2	11.4	11.3	11.4	11.5
14	11.0	10.9	11.0	10.7	11.0	10.9	10.9	10.8	10.8
15	10.2	10.2	10.1	10.1	10.3	10.3	10.1	10.2	10.1
16	11.5	11.5	11.5	11.5	11.5	11.5	11.5	11.4	11.3
17	10.3	10.1	10.1	10.2	10.2	10.2	10.3	10.3	10.1
18	11.1	11.1	11.2	11.2	11.0	10.9	11.1	11.2	11.0
19	11.0	10.9	11.0	11.0	10.9	11.0	11.0	10.9	11.1
20	11.3	11.5	11.4	11.5	11.3	11.3	11.4	11.2	11.2
σ^2	0.009	0.010	0.010	0.012	0.009	0.011	0.012	0.009	0.020

Tab. 12

Aus den in Tab. 12 angegebenen Wertungen ergibt sich so für den neunten Preisrichter $\sigma_x^2 \approx 0.020$, während die entsprechenden Werte für die anderen acht Preisrichter zwischen 0.009 und 0.012 liegen, also halb so groß sind. Der neunte Preisrichter ist unqualifiziert oder ungerecht.

Gleichungssysteme

Nicht nur die Entscheidung, ob eine Meßanordnung gut ist, auch die wirkliche Berechnung der Genauigkeit unserer Meßgeräte erfordert das Lösen linearer Gleichungssysteme. Gleichungssysteme benutzt man zum „Ausgleichen" bei der *Methode der kleinsten Quadrate* (Kapitel „Stahl") und bei der *Faktoranalyse* (Kapitel „Tagebauböschungen"). Immer, wenn etwas „aufgehen" soll, müssen Gleichungen erfüllt sein, bei der Aufteilung von Arbeitskräften auf Tätigkeiten, von Geld und Material auf Projekte usw. Die *lineare Optimierung* (Kapitel „Benzin") läuft auf das Umformen von Gleichungssystemen hinaus. Ein lineares Gleichungssystem ist (vgl. Kapitel „Benzin") durch ein rechteckiges Zahlenschema, die Koeffizientenmatrix $A = (a_{ij})$ mit m Zeilen und n Spalten, durch n Unbekannte (zusammengefaßt zu einer Spaltenmatrix $x = (x_1, \ldots, x_n)^\mathsf{T}$) und m rechte Seiten (zusammengefaßt zu einer Spaltenmatrix $b = (b_1, \ldots, b_m)^\mathsf{T}$) charakterisiert.

Die Matrixmultiplikation war gerade so erklärt, daß man es dann in der Form $Ax = b$ schreiben kann.

Beispiel 1:

$$\begin{array}{rcrcrcl}
x_1 & + & x_2 & - & x_3 & = & 3 \\
x_1 & - & 2x_2 & + & 2x_5 & = & 4 \\
2x_1 & - & x_2 & + & x_3 & = & 5
\end{array}$$

$$A = \begin{pmatrix} 1 & 1 & -1 \\ 1 & -2 & 2 \\ 2 & -1 & 1 \end{pmatrix}, \qquad x = \begin{pmatrix} x_1 \\ x_2 \\ x_3 \end{pmatrix}, \qquad b = \begin{pmatrix} 3 \\ 4 \\ 5 \end{pmatrix}.$$

Beispiel 2:

$$\begin{array}{rcrcrcl}
\sigma_x^2 & + & \sigma_y^2 & & & = & b_{xy} \\
\sigma_x^2 & & & + & \sigma_z^2 & = & b_{xz} \\
& & \sigma_y^2 & + & \sigma_z^2 & = & b_{yz}
\end{array}$$

$$A = \begin{pmatrix} 1 & 1 & 0 \\ 1 & 0 & 1 \\ 0 & 1 & 1 \end{pmatrix}, \qquad x = \begin{pmatrix} \sigma_x^2 \\ \sigma_y^2 \\ \sigma_z^2 \end{pmatrix}, \qquad b = \begin{pmatrix} b_{xy} \\ b_{xz} \\ b_{yz} \end{pmatrix}.$$

Beispiel 3:

$$\begin{array}{rcrcrcl} 0u & + & 0v & - & 1y & = & 0 \\ 1u & + & 1v & + & 0y & = & 0 \\ 0u & + & 0v & + & 0y & = & 0 \end{array}$$

$$A = \begin{pmatrix} 0 & 0 & -1 \\ 1 & 1 & 0 \\ 0 & 0 & 0 \end{pmatrix}, \qquad x = \begin{pmatrix} u \\ v \\ y \end{pmatrix}, \qquad b = \begin{pmatrix} 0 \\ 0 \\ 0 \end{pmatrix}.$$

Im allgemeinen muß die Anzahl der Unbekannten nicht mit der Anzahl der Gleichungen übereinstimmen. Gleichungssysteme, deren rechte Seiten alle gleich 0 sind, heißen *homogen*; jedes homogene System hat mindestens die „triviale" Lösung, in der alle Variablen den Wert 0 annehmen.
Gleichungssysteme können unlösbar sein. Wenn Beispiel 1 eine Lösung hätte, dann müßte für diese auch die Summe der ersten beiden Gleichungen erfüllt sein, $2x_1 - x_2 + x_3 = 7$, was offenbar der dritten Gleichung widerspricht. Folglich hat Beispiel 1 keine Lösung. Gleichungssystem 2 ist eindeutig lösbar. Angenommen, es gibt eine Lösung, so muß diese auch die Differenz der letzten beiden Gleichungen erfüllen, $\sigma_x^2 - \sigma_y^2 = b_{xz} - b_{yz}$. Dies zur ersten Gleichung addiert, ergibt $2\sigma_x^2 = b_{xy} + b_{xz} - b_{yz}$ und somit als einzige Möglichkeit $\sigma_x^2 = \frac{1}{2}(b_{xy} + b_{xz} - b_{yz})$. Analog existiert nur eine Möglichkeit für σ_y^2 und für σ_z^2. Einsetzen in die gegebenen drei Gleichungen bestätigt, daß diese einzige Möglichkeit auch tatsächlich eine Lösung ist.
Gleichungssysteme können jedoch auch mehrdeutig lösbar sein. Beispiel 3 war uns bei der Analyse der durch Abb. 34 gegebenen Meßanordnung begegnet, und außer der trivialen Lösung gab es noch die mit $u = 7$, $v = -7$, $y = 0$. Außerdem existieren hier noch unendlich viele andere Lösungen. Das am Kapitelende angegebene BASIC–Programm liefert in jedem Falle die vollständige Auskunft über ein Gleichungssystem. Im Beispiel 3 erscheint auf dem Bildschirm des Computers (die Unbekannten u, v, y heißen im Programm X1, X2, X3):

```
spezielle Loesung              X1      0
                               X2      0
                               X3      0
```

```
Parameterspalte          zu   X1      1
                         zu   X2     -1
                         zu   X3      0
```

Das bedeutet, die allgemeine Lösung hat die Gestalt

$$
\begin{aligned}
u &= 0 + 1\,s \\
v &= 0 + (-1)\,s \\
y &= 0 + 0\,s
\end{aligned}
\qquad
\begin{pmatrix} u \\ v \\ y \end{pmatrix} = \begin{pmatrix} 0 \\ 0 \\ 0 \end{pmatrix} + s \begin{pmatrix} 1 \\ -1 \\ 0 \end{pmatrix}
$$

mit beliebiger Zahl s. Für $s = 7$ ergibt sich $u = 7$, $v = -7$, $y = 0$. Es gibt so viele Lösungen, wie es Zahlen gibt, die man für s einsetzt.

Bei anderen Gleichungssystemen kann die Lösung sogar von zwei oder noch mehr solchen frei wählbaren Parametern abhängen. Denken wir nur an drei Gleichungen mit fünf Unbekannten. Wir lösen eine Gleichung nach einer Variablen auf und ersetzen so diese Variable in allen anderen Gleichungen. Anschließend wählen wir eine andere Variable, die nach der Umformung noch in der zweiten Gleichung auftritt, und verfahren analog. Dann wiederholen wir das mit einer weiteren Variablen aus der letzten Gleichung. Auf diese Weise formen wir das Gleichungssystem in die Gestalt

$$
\begin{aligned}
x_1 \qquad\qquad &+ a'_{14}x_4 + a'_{15}x_5 = b'_1 \\
x_2 \qquad &+ a'_{24}x_4 + a'_{25}x_5 = b'_2 \\
x_3 &+ a'_{34}x_4 + a'_{35}x_5 = b'_3
\end{aligned}
$$

um. Für x_4, x_5 kann man beliebige s, t einsetzen und dann immer x_1, x_2, x_3 dazu passend ausrechnen:

$$
\begin{aligned}
x_1 &= b'_1 - a'_{14}\,s - a'_{15}\,t \\
x_2 &= b'_2 - a'_{24}\,s - a'_{25}\,t \\
x_3 &= b'_3 - a'_{34}\,s - a'_{35}\,t \\
x_4 &= \qquad\qquad s \\
x_5 &= \qquad\qquad\qquad\quad t
\end{aligned}
$$

$$
\begin{pmatrix} x_1 \\ x_2 \\ x_3 \\ x_4 \\ x_5 \end{pmatrix} = \begin{pmatrix} b'_1 \\ b'_2 \\ b'_3 \\ 0 \\ 0 \end{pmatrix} - s \begin{pmatrix} a'_{14} \\ a'_{24} \\ a'_{34} \\ -1 \\ 0 \end{pmatrix} - t \begin{pmatrix} a'_{15} \\ a'_{25} \\ a'_{35} \\ 0 \\ -1 \end{pmatrix}
$$

Es kann aber passieren, daß beim Umformen des Gleichungssystems nach dieser Vorschrift eine Gleichung $0 = 0$ entsteht – diese kann man weglassen (am Ende erhält dann eine Variable zusätzlich einen frei wählbaren Wert). Ferner kann es passieren, daß eine Gleichung $0 = b'$ mit einer Zahl $b' \neq 0$ entsteht. Dann ist das gesamte System unlösbar.

Wenn ein System $Ax = b$ mit quadratischer Koeffizientenmatrix A eindeutig lösbar ist für beliebiges b, dann ist stets $x = A^{-1}b$ die Lösung (A^{-1} als inverse Matrix zu A, vgl. Kapitel „Benzin"). Hat man A^{-1}, so kann man bei gegebenem b die Lösung leicht ermitteln. Für unser Beispiel 2 ist

$$
\begin{pmatrix} \sigma_x^2 \\ \sigma_y^2 \\ \sigma_z^2 \end{pmatrix} = \begin{pmatrix} 1 & 1 & 0 \\ 1 & 0 & 1 \\ 0 & 1 & 1 \end{pmatrix}^{-1} \begin{pmatrix} b_{xy} \\ b_{xz} \\ b_{yz} \end{pmatrix} = \begin{pmatrix} \frac{1}{2} & \frac{1}{2} & -\frac{1}{2} \\ \frac{1}{2} & -\frac{1}{2} & \frac{1}{2} \\ \frac{1}{2} & \frac{1}{2} & \frac{1}{2} \end{pmatrix} \begin{pmatrix} b_{xy} \\ b_{xz} \\ b_{yz} \end{pmatrix}.
$$

Das angegebene BASIC–Programm berechnet zu gegebenem A das A^{-1} bzw. zeigt an, daß es keine Inverse gibt (der *Rangdefekt* ist dann die Anzahl von Zeilen, die man abändern muß, damit eine Inverse existiert).

Abstraktion und Praxis

Manche Leute meinen, durch immer neue Abstraktionen (Matrix, inverse Matrix usw.) entferne sich die Mathematik zunehmend vom wirklichen Leben. Zweifellos ist jedoch beispielsweise die Kontrolle von Meßgeräten anhand ihrer Meßergebnisse eine Frage von großer praktischer Bedeutung. Um sie zu beantworten, bildeten wir aus der Matrix Q zunächst die Matrix A. Falls diese das Vorliegen einer guten Meßanordnung anzeigt, bilden wir aus Q mit der Einheitsmatrix E die neue Matrix $W = (E + QQ^{\top})^{-1}$ und dann schließlich die Matrix

$$
(Q^{\top}WQ)\&(Q^{\top}WQ) - (Q^{\top}W\&Q^{\top}W)(W\&W)^{-1}(WQ\&WQ),
$$

wobei $\&$ die elementweise Multiplikation gleichformatiger Matrizen bedeutet. Aus der Lösung eines Gleichungssystems mit dieser Koeffizientenmatrix erhält man die praktisch interessierende Antwort auf die Frage, ob ein Meßgerät defekt ist – und wenn ja, welches. Man stelle sich nur einmal vor, man müßte den Weg von der Frage zur Antwort ohne Benutzung des

Matrixbegriffes beschreiben! Eine gute Abstraktion erweist sich als äußerst praktisch.

△ Programm „Matrixinversion"
Berechnung der inversen Matrix zu einer gegebenen m-m-Matrix; bei Nichtexistenz Angabe des Rangdefektes.

```
1000 CLS: PRINT "    INVERTIEREN": PRINT          N=2*M:NN=M
1010 PRINT"EINGABE": PRINT: K=0             1060 DIM BV(M): CLS: GOTO 8020
1020 INPUT"ZEILENANZAHL M=";M: PRINT        1070 IF M=NN GOTO 1090
1030 DIMA(M,2*M):FOR I=1 TO M:              1080 PRINT"RANGDEFEKT=";NN-M: GOTO 8790
     FOR J=1 TO M                           1090 PRINT"SPALTEN DER INVERSEN:":PRINT
1040 PRINT"A(";I;",";J;: INPUT")=";A(I,J)   1100 X$="I =": FOR K = M+1 TO N
1050 NEXT:A(I,M+I)=1:PRINT:NEXT:            1110 PRINT "SPALTE";K-M: GOTO 8240
```

Bei Benutzung außerhalb des Programmsystems müssen noch mindestens folgende Zeilen anderer Programme angefügt werden: Zeilen 8020 bis 8150 sowie 8240 bis 8260 (Lineare Gleichungen), Zeilen 8790 bis 8860 sowie 8920 bis 8990 (Lineare Optimierung, Kapitel „Benzin").

△   Programm „Lineare Gleichungen"
Berechnen der allgemeinen Lösung eines Systems m linearer Gleichungen mit n Unbekannten.

```
8000 CLS:PRINT"GLEICHUNGEN": GOSUB 8520
8010 NN=N: DIM BV(M): DIM X(N): K=0
8020 QQ=0:FOR I=1 TO M:IF BV(I)>0
     GOTO 8060
8030 K=I: FOR J=1 TO NN: Q=ABS(A(I,J))
8040 IF Q>QQ THEN QQ=Q: II=I: JJ=J
8050 NEXT
8060 NEXT:Q=0:FOR I=1 TO M:A=ABS(A(I,JJ))
8070 IF BV(I)>0 AND A>Q THEN Q=A
8080 NEXT
8090 IF QQ>Q*1E-5 THEN GOSUB 8820:K=0:
     GOTO 8020
8100 IF NN-K=N GOTO 8160:ELSE IF K=0
     GOTO 1070
8110 IF ABS(A(K,0))*QQ>50*QQ*QQ
     GOTO 8790
8120 IF ABS(A(K,0))>1E-6+QQ*1E20
     GOTO 8790

8130 FOR J=0 TO N:A(K,J)=A(M,J):NEXT:
     M=M-1
8140 BV(K)=BV(M+1):IFM=0 THEN K=0:
     GOTO 8100
8150 K=0: GOTO 8020
8160 K=0: IF M<N THEN PRINT"SPEZIELLE ";
8170 PRINT"LOESUNG:":X$="X": GOSUB 8920
8180 PRINT"BITTE NOTIEREN !":
     IFM=N GOTO 8800
8190 PRINT"NACH 'ENTER' NOCH";N-M;
     "SPALTE"
8200 IF N-M>1 THEN PRINT "N"
8210 INPUT" ";Y$:CLS:X$="ZU  X":
     FOR K=1 TO N
8220 Q=0:FOR I=1 TO M:IF K=BV(I) THEN Q=1
8230 NEXT: IF Q=1 GOTO 8260
8240 GOSUB 8920:PRINT:PRINT"NACH KENNT";
8250 INPUT"NISNAHME ENTER !";Y$: CLS
8260 NEXT: RUN
```

Bei Benutzung außerhalb des Programmsystems müssen noch mindestens folgende Zeilen des Programms Lineare Optimierung (Kapitel „Benzin") angefügt werden: 8520 bis 8580, 8790 bis 8860, 8920 bis 8990.

Turbulenz – Chaos – rekursive Folgen

Bei der Bewegung von Flüssigkeiten und Gasen können wir unterschiedliche Strömungsbilder beobachten. Fließt das Wasser eines Baches in einem genügend breiten Bett bei niedriger Geschwindigkeit, dann ist das Strömungsbild der Wasseroberfläche ruhig und gleichmäßig. Verengt sich das Bett des Baches und erhöht sich damit die Geschwindigkeit des Wassers, dann wird das Strömungsbild unruhig, und es treten *Wirbel* auf, vereinzelt oder in Ketten. Bei weiterer Geschwindigkeitserhöhung bestimmen Wirbel aller Abmessungen das Strömungsbild. Beim Übergang vom ruhig dahinfließenden Bach zum Sturzbach haben wir einen Wechsel von der *laminaren* Strömung zur *turbulenten* Strömung beobachtet. Die Erscheinung

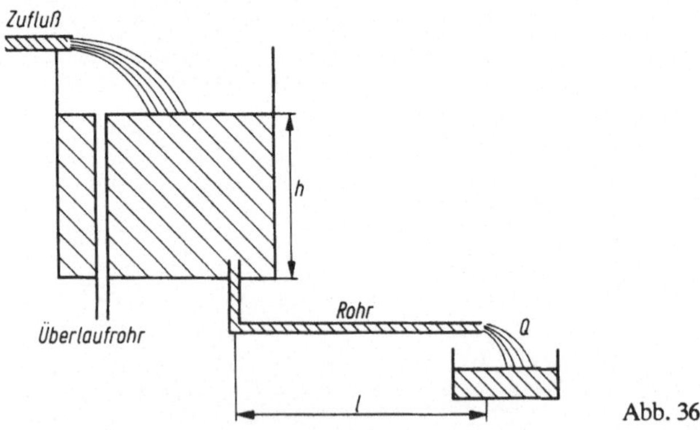

Abb. 36

der Turbulenz bei der Bewegung von Flüssigkeiten und Gasen ist eines der interessantesten Phänomene in der Physik, das bis heute noch nicht in allen Einzelheiten erforscht worden ist. Trotzdem sind Strömungsvorgänge von größter praktischer Bedeutung. So ist die Bewegung von Flüssigkeiten und Gasen in Rohrleitungen und Behältern ein wichtiger Bestandteil von Prozessen in der chemischen Industrie und in Turbinenanlagen der

Elektroenergieerzeugung. Das theoretische Verständnis für das turbulente Verhalten von Strömungen ist die Voraussetzung für eine bessere praktische Beherrschung dieser industriellen Prozesse.

Ein einfaches Experiment macht den Übergang vom laminaren zum turbulenten Strömungsbild deutlich. Aus einem Ausströmgefäß mit konstantem Wasserstand der Höhe h fließt Wasser über ein horizontales Rohr der Länge l in einen Auffangbehälter. Die pro Sekunde ausströmende Wassermenge Q wird in Abhängigkeit von der Höhe h des Wasserstandes gemessen. Dabei sorgt ein Überlaufrohr für einen unveränderlichen Wasserstand während des Meßvorganges (Abb. 36). Aus der graphischen Darstellung (Abb. 37)

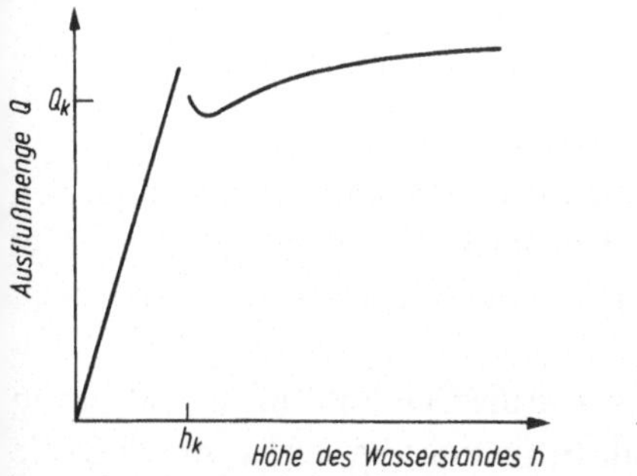

Abb. 37

ersehen wir, daß zunächst mit wachsender Höhe h die Wassermenge Q linear anwächst, dann aber in einem Höhenbereich um den Wert h_k in einen flacher verlaufenden Kurvenzug übergeht. Da die Vergrößerung der Ausflußhöhe zu einer Erhöhung der Strömungsgeschwindigkeit im Rohr führt, ist die Vermutung richtig, daß bei der Höhe h_k der Übergang von laminarer zu turbulenter Strömung erfolgt und der höhere Widerstand der verwirbelten Flüssigkeit im Rohr zu einem flacheren Anstieg der Wassermenge Q mit der Höhe h führt.

Strömungsvorgänge von Flüssigkeiten und Gasen lassen sich durch wenige physikalische Größen vollständig charakterisieren. Strömungen, die durch einfache Maßstabsänderung für Koordinaten und Geschwindigkeiten auseinander hervorgehen, bezeichnet man als ähnlich.

Ähnliche Strömungen lassen sich durch eine dimensionslose Zahl beschreiben, die O. REYNOLDS (1842 - 1912) im Jahre 1883 eingeführt hat und die ihm zu Ehren *Reynolds–Zahl Re* genannt wird.

Wir können diese Zahl ableiten, wenn wir das Gesetz der Ähnlichkeit beachten und für diese Strömung typische physikalische Größen suchen, um aus ihnen eine dimensionslose Zahl zu bilden. Jeder Strömungstyp läßt sich durch drei Größen ausreichend beschreiben:

eine lineare Abmessung $\quad\quad\quad l$ mit $\quad [l] = \mathrm{m}$,
eine Geschwindigkeit $\quad\quad\quad\quad v$ mit $\quad [v] = \mathrm{m/s}$,
die Zähigkeit der Flüssigkeit $\quad \nu$ mit $\quad [\nu] = \mathrm{m^2/s}$.

Die Reynolds–Zahl für eine gegebene Strömung bei sonst konstanten physikalischen Parametern ist aus den drei Größen darstellbar

$$Re = \frac{v \cdot l}{\nu},$$

und sie beschreibt ähnliche Strömungsvorgänge.

Bei kleinen Reynolds–Zahlen Re ist die Strömung laminar und bei großen Zahlen turbulent. Der Umschlag zwischen beiden Strömungsformen erfolgt bei einer kritischen Reynolds–Zahl Re_{krit}. In unserem Ausströmversuch ist $Re_{\mathrm{krit}} = 1790$.

Die Praxis zeigt, daß bei Erreichen der kritischen Zahl nicht schlagartig der neue Strömungstyp auftritt. Der alte Strömungstyp wird an dieser Stelle instabil, wobei kleinere äußere Störungen den Umschlag auslösen können, und das umso eher, je weiter die Zahl vom kritischen Wert in Richtung Instabilität entfernt ist.

Ursache für diese qualitative Änderung des Strömungsbildes bei stetiger Änderung der Reynolds–Zahl ist die Kompliziertheit der physikalischen Vorgänge, welche dem Strömungsvorgang zugrunde liegen. In der mathematischen Theorie zäher Flüssigkeiten verbirgt sich dieses Verhalten in der nichtlinearen Struktur der das Problem beschreibenden Gleichungen von NAVIER/STOKES.

Es ist für uns unmöglich, hier diese Gleichungen zu untersuchen. Wir werden dafür im weiteren ein einfaches mathematisches Modell beschreiben, das – begründet in seiner Nichtlinearität – ebenfalls Sprünge in seinem Erscheinungsbild bei stetiger Änderung eines Parameters zeigt. Modelle dieser Art geben uns erste Fingerzeige zum Verständnis des turbulenten oder chaotischen Verhaltens einer Strömung.

Wir werden solche mathematischen Modelle als *dynamischen Prozeß* bezeichnen und die Lösungen der zugehörigen Gleichungen untersuchen. Dabei beschränken wir uns auf den einfachsten Fall eines diskreten Modells und betrachten den Prozeß in einer Folge von gleichabständigen Zeitpunkten. Das mathematische Modell ist dann eine Zahlenfolge, die nach einem bestimmten Gesetz gebildet wird.

Rekursive Folgen

Wir betrachten eine unendliche Folge reeller Zahlen

$$x_0, x_1, x_2, \ldots, x_n, \ldots$$

mit dem Anfangsglied x_0 und den Folgengliedern x_n, wobei die Zahl n ganzzahlig positiv ist und über alle Grenzen wachsen soll. Der Mathematiker bezeichnet die Folge mit dem Symbol

$$\{x_n\}_{n=0}^{\infty}.$$

Wir nennen eine Folge *rekursiv definiert* oder einfach eine *rekursive Folge*, wenn jedes Glied der Folge sich nach einer festen mathematischen Vorschrift aus seinem unmittelbaren Vorgänger berechnen läßt, d. h.

$$x_{n+1} = F(x_n) \qquad \text{für} \quad n = 0, 1, \ldots$$

Einfache Beispiele für die mathematische Vorschrift in Gestalt der Funktion F sind

die *arithmetische* Folge $\qquad x_{n+1} = x_n + d \qquad$ und
die *geometrische* Folge $\qquad x_{n+1} = q \cdot x_n.$

Im ersten Fall ist die Differenz zweier aufeinanderfolgender Glieder konstant

$$x_{n+1} - x_n = d,$$

während im zweiten Fall der Quotient der beiden aufeinanderfolgenden Glieder konstant ist

$$x_{n+1}/x_n = q.$$

Unser Interesse gilt dem Verhalten der Glieder der Folge $\{x_n\}$ bei wachsendem Index n. Für die beiden Beispielfolgen können wir das Glied x_n auch unmittelbar und nicht nur rekursiv angeben.

Bei der arithmetischen Folge ist $\quad x_n = x_0 + n \cdot d,\quad$ und
bei der geometrischen Folge gilt $\quad x_n = x_0 \cdot q^n.$

Ist bei der arithmetischen Folge die Zahl d ungleich Null und z. B. positiv, dann wachsen die Glieder bei immer größer werdendem Index n über alle Grenzen. Wir beschreiben dieses Verhalten durch die Formel für das Grenzverhalten

$$\lim_{n \to \infty} x_n = +\infty.$$

Für den Fall, daß die Zahl d gleich Null ist, haben wir es mit einer konstanten Folge zu tun, bei der alle Glieder x_n den gleichen Wert x_0 haben. Die geometrische Folge zeigt in Abhängigkeit vom Wert der Zahl q ebenfalls unterschiedliches Verhalten beim Übergang zu großen Indexwerten. Ist die Zahl q positiv und kleiner als Eins, dann nähern sich die Glieder bei wachsendem Index n der Null, d. h.

$$\lim_{n \to \infty} x_n = x_0 \cdot \lim_{n \to \infty} q^n = 0 \quad \text{für } 0 < q < 1.$$

Ist die Zahl q gleich Eins, dann bleibt die Folge konstant, d. h. $x_n = x_0$ für alle n.
Ist die Zahl q größer als Eins, dann wachsen die Glieder der Folge über alle Grenzen, d. h.

$$\lim_{n \to \infty} x_n = x_0 \cdot \lim_{n \to \infty} q^n = +\infty.$$

Chaotisches Verhalten

Wir betrachten als Modell für einen dynamischen Prozeß eine spezielle rekursiv definierte Folge

$$x_{n+1} = a \cdot x_n \cdot (1 - x_n),$$

die unter dem Namen *logistische Gleichung* in der Literatur bekannt ist.

Der reelle Parameter a soll Werte aus dem Intervall $1 \leq a \leq 4$ annehmen können. Betrachten wir den Zusammenhang von x_{n+1} und x_n als Abbildung oder Funktion in der Gestalt

$$y = f_a(x) = a \cdot x \cdot (1 - x),$$

dann ist dies eine quadratische Funktion, deren Graph für verschiedene Werte des Parameters a die in der Abb. 38 dargestellte Form hat.

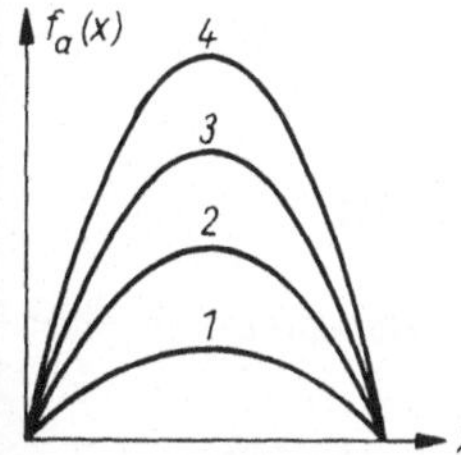

Abb. 38. $y = f_a(x)$ für $a = 1, 2, 3, 4$

Wir stellen nun die Frage, wie sich die Folge bei wachsendem Index n in Abhängigkeit vom Parameter a verhält.

Benutzen wir einen Taschenrechner, dann können wir das Verhalten der Folgenglieder qualitativ verfolgen. Wir wählen für unser Zahlenexperiment für den Parameter a den Wert $a = 2$ und als Startwerte x_0 die beiden Werte $x_0 = 0.6$ und $x_0 = 0.7$:

$x_0 = 0.6$	$x_0 = 0.7$
$x_1 = 0.48$	$x_1 = 0.42$
$x_2 = 0.4992$	$x_2 = 0.4872$
$x_3 = 0.49999872$	$x_3 = 0.49967232$
$x_4 = 0.5$	$x_4 = 0.49999978525$
$x_5 = 0.5$	$x_5 = 0.5.$

In beiden Fällen nähern sich die Folgenglieder sehr schnell dem Wert $x_n = 0.5$. Das ist nicht zufällig. Setzen wir auf der rechten Seite der Rekursionsformel bei $a = 2$ für x_n den Wert 0.5 ein, so erhalten wir für x_{n+1} den Wert 0.5 zurück. Die Folge wird demnach innerhalb der Genauigkeit unseres Rechners sehr schnell konstant. Wir bezeichnen dieses Verhalten der Folge als Existenz eines *Fixpunktes*. Machen wir uns die Mühe, von

Hand die Folgenglieder für den Parameterwert $a = 2$ und den Startwert $x_0 = 0.6$ zu berechnen, so erhalten wir schrittweise:

$$x_0 = \frac{3}{5}$$

$$x_1 = \frac{12}{25} = \frac{1}{2} - \frac{1}{50}$$

$$x_2 = \frac{312}{625} = \frac{1}{2} - \frac{1}{1250}$$

$$x_3 = \frac{195\,312}{390\,625} = \frac{1}{2} - \frac{1}{781\,250}$$

$$x_4 = \frac{76\,293\,945\,312}{152\,587\,890\,625} = \frac{1}{2} - \frac{1}{305\,175\,781\,250}$$

Die Abweichung vom Wert 0.5 wird immer kleiner und unterschreitet schnell die Anzeigegenauigkeit des Rechners.

Wir wollen noch einen weiteren Versuch starten und dazu die Werte $a = 2.3$ und $x_0 = 0.6$ nehmen:

$x_0 = 0.6$ $\qquad\qquad$ $x_1 = 0.522$
$x_2 = 0.568\,780\,8$ $\qquad\qquad$ $x_3 = 0.564\,119\,163\,57$
$x_4 = 0.565\,544\,085\,59$ $\qquad\qquad$ $x_5 = 0.565\,119\,137\,54$
$x_6 = 0.565\,246\,845\,23$ $\qquad\qquad$ $x_7 = 0.565\,208\,553\,13$
$x_8 = 0.565\,220\,042\,58$ $\qquad\qquad$ $x_9 = 0.565\,216\,595\,91$

Bei 11stelliger Rechnung wird ab $n = 20$ der Wert der Folgenglieder konstant mit $x_{20} = 0.565\,217\,391\,31$.

Die Folge hat wieder einen Fixpunkt. Es stellt sich die Frage, ob wir den Grenzwert oder Fixpunkt der Folge nicht einfacher ermitteln können.

Unter der Annahme, daß ein Fixpunkt existiert, müssen sich in der Rekursionsformel $x_{n+1} = a \cdot x_n \cdot (1 - x_n)$ die Werte von x_{n+1} und x_n für wachsenden Index n immer weniger voneinander unterscheiden und im Grenzfall gleich werden.

Nennen wir den Fixpunkt x_∞, so entsteht aus der Rekursionsformel $x_\infty = a \cdot x_\infty \cdot (1 - x_\infty)$ und daraus unter der Annahme, daß x_∞ ungleich Null ist,

$$1 = a \cdot (1 - x_\infty) \quad \text{oder} \quad x_\infty = 1 - \frac{1}{a}.$$

Wir überprüfen jetzt die Werte für unsere Beispiele:

$$a = 2 \qquad x_\infty = 0.5$$
$$a = 2.3 \qquad x_\infty = 0.565\,217\,391\,31.$$

Aus der Formel für x_∞ ersehen wir auch, daß der Fixpunkt unabhängig vom Startpunkt x_0 ist, wenn wir nicht gerade $x_0 = 0$ oder $x_0 = 1$ wählen. Aus der Rekursionsformel können wir noch entnehmen, daß $x_\infty = 0$ ebenfalls ein Fixpunkt der Folge ist.

Mit diesen Ergebnissen haben wir das Verhalten der Folge noch lange nicht vollständig untersucht.

Wir machen deshalb noch ein weiteres Experiment mit dem Rechner und wählen als Ausgangswerte für den Parameter $a = 3.1$ und für den Startwert wieder $x_0 = 0.6$:

$$x_0 = 0.6 \qquad\qquad x_1 = 0.774$$
$$x_2 = 0.590\,438\,4 \qquad\qquad x_3 = 0.749\,644\,777$$
$$x_4 = 0.581\,800\,204\,49 \qquad\qquad x_5 = 0.754\,257\,052\,29$$
$$x_6 = 0.574\,595\,389\,22 \qquad\qquad x_7 = 0.757\,750\,136\,52$$
$$x_8 = 0.569\,051\,088\,09 \qquad\qquad x_9 = 0.760\,219\,036\,42.$$

Die Folge zeigt jetzt ein vollständig anderes Verhalten. Sie nähert sich für wachsenden Index n nicht einem Grenzwert, sondern springt zwischen zwei Werten hin und her:

$$\text{Für geraden Index } n \text{ ist} \qquad x_n \approx 0.56,$$
$$\text{für ungeraden Index } n \text{ ist} \qquad x_n \approx 0.76.$$

Wiederholen wir die Berechnung der Folgenglieder lange genug, so können wir die beiden Grenzwerte für geraden Index und für ungeraden Index am Rechner ablesen:

$$x_\infty^1 = \lim_{k \to \infty} x_{2k} = 0.558\,014\,125\,20,$$
$$x_\infty^2 = \lim_{k \to \infty} x_{2k+1} = 0.746\,566\,519\,96.$$

Diese beiden Werte x_∞^1 und x_∞^2 bilden einen *Zweierzyklus*. Neben diesen Werten mit der Zykluseigenschaft

$$x_\infty^2 = a \cdot x_\infty^1 \cdot (1 - x_\infty^1),$$
$$x_\infty^1 = a \cdot x_\infty^2 \cdot (1 - x_\infty^2)$$

existiert noch der bereits errechnete Fixpunkt $x_\infty^0 = 1 - \frac{1}{a}$ mit dem Zahlenwert $x_\infty^0 = 0.677\,419\,354\,84$.

Der Wert x_∞^0 ist aber nicht mehr *stabil*. Dabei verstehen wir unter *Stabilität* die Eigenschaft, daß ein Grenzwert oder Zyklus unabhängig vom Startwert x_0 erreicht wird. Für die Parameterwerte $a = 2.0$ und $a = 2.3$ sind die oben angegebenen Grenzwerte stabil.

Für den Parameterwert $a = 3.1$ ist der Zweierzyklus stabil, d. h., jeder Startwert x_0, außer dem instabilen Grenzwert x_∞^0, führt in den Zweierzyklus.

Damit sind die Eigenschaften dieser Folge noch nicht erschöpft. Untersuchen wir den Parameterwert $a = 3.5$ unter dem Startwert $x_0 = 0.6$, dann erhalten wir für sehr großen Index n einen Viererzyklus:

$$x_n \;\;\;= 0.500\,884\,210\,31$$
$$x_{n+1} = 0.874\,997\,263\,61$$
$$x_{n+2} = 0.382\,819\,683\,02$$
$$x_{n+3} = 0.826\,940\,706\,59$$
$$x_{n+4} = x_n$$

Wir verschaffen uns einen Überblick zum Grenzverhalten der Folge, wenn wir ein kleines Graphikprogramm auf einem Personalcomputer starten (Programm „Feigenbaum"). In diesem Programm variieren wir den Parameter a zwischen den Werten $a = 2$ und $a = 4$ in kleinen Schritten. Zu jedem festen Wert für a berechnen wir, ausgehend vom gemeinsamen Startwert $x_0 = 0.64$, die ersten 500 Folgenglieder, damit sich alle auftretenden Zyklen eingespielt haben. Danach tragen wir die folgenden 256 Glieder (es genügen auch 64 oder 128 Glieder) als Ordinatenwerte zum Wert des Parameters a als Abszisse in ein Koordinatensystem ein. Wir erhalten eine Darstellung wie in Abb. 40, die nach dem Mathematiker M. J. FEIGENBAUM auch als *Feigenbaum–Diagramm* bekannt ist.

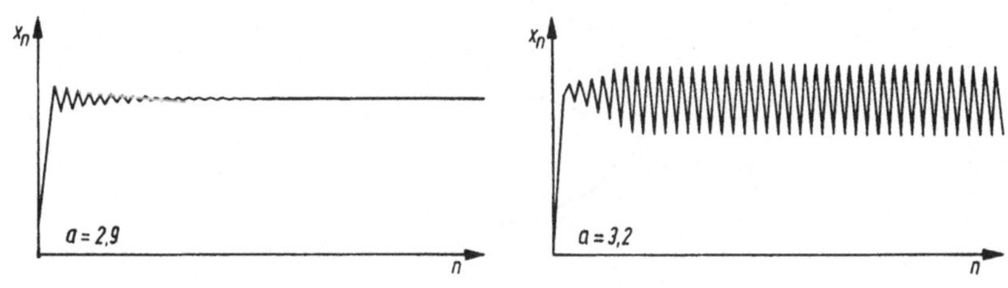

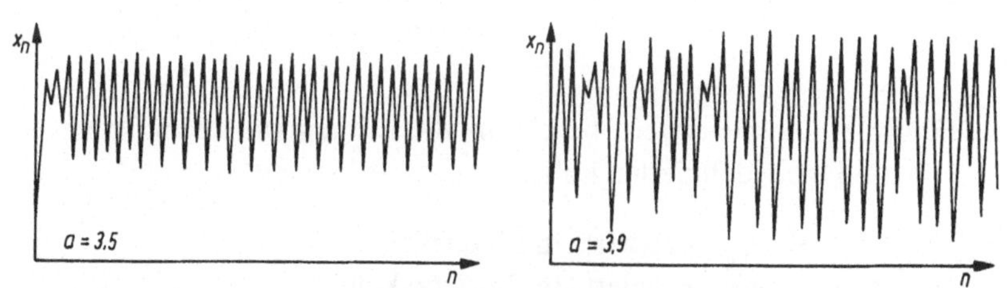

Abb. 39. Verhalten der Folgenglieder x_n in Abhängigkeit von n für den Startpunkt $x_0 = 0.6$ (zur Veranschaulichung wurden die Punkte (n, x_n) fortlaufend durch Strecken verbunden):
$a = 2.9$: Fixpunkt; $a = 3.2$: Zweierzyklus;
$a = 3.5$: Viererzyklus; $a = 3.9$: chaotisches Verhalten

Aus einer detaillierten Analyse dieses Diagramms ist ersichtlich, daß es eine Folge von Parameterwerten a_1, a_2, a_3, ... gibt, bei denen jedes Mal eine Verdopplung der Zyklenordnung auftritt:

$a_1 = 3$ $a_2 = 3.449\,489\,742\,8$

$a_3 = 3.544\,090\,359\,6$ $a_4 = 3.564\,407\,266\,1$

$a_5 = 3.568\,759\,419\,6$ $a_6 = 3.569\,691\,609\,8$

mit dem Grenzwert $a_\infty = 3.569\,945\,671\,9$.

Diese Parameterfolge zeigt eine ständige Verkürzung der Abstände zwischen aufeinanderfolgenden Verdopplungen der Zyklenordnung. Aus den Gliedern der Parameterfolge können wir eine Gesetzmäßigkeit in der Verkürzung der Abstände feststellen. Es läßt sich eine Konstante definieren

$$\delta = \lim_{n \to \infty} \frac{a_n - a_{n-1}}{a_{n+1} - a_n} = 4.669\,201\,609\,102\,99 \ldots$$

Die Konstante δ ist universell. Sie tritt bei allen Folgen auf, bei denen die Funktion F in der Rekursion ein Maximum zweiter Ordnung besitzt.

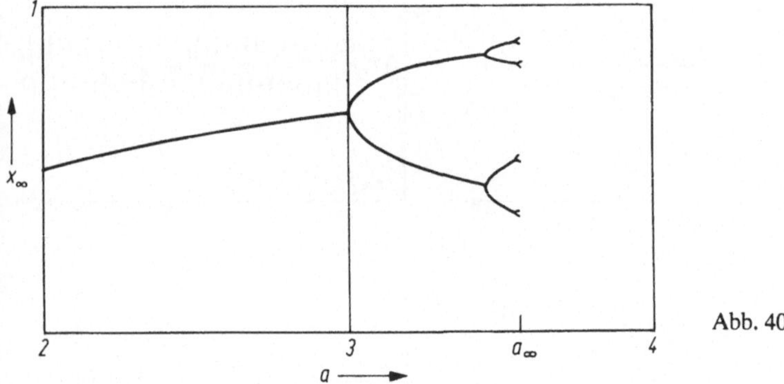

Abb. 40

Die Folge der Parameterwerte beschreibt die stabilen Zyklen im Grenzverhalten der rekursiv definierten Folge:

für $2 \leq a \leq a_1$ existiert ein Fixpunkt,
für $a_1 < a \leq a_2$ existiert ein Zweierzyklus,
für $a_2 < a \leq a_3$ existiert ein Viererzyklus,
      ...
für $a_{n-1} < a \leq a_n$ existiert ein 2^{n-1}-Zyklus.

Die Ordnungsverdopplung der stabilen Zyklen setzt sich bis zum Grenzwert a_∞ des Parameters fort. Für $a > a_\infty$ gibt es zunächst keine erkennbare Zykleneigenschaft mehr. Die Folgenglieder springen regellos und nehmen alle Werte von Teilintervallen aus dem Intervall $[0, 1]$ an.

Wir wollen jetzt wieder auf unseren Ausgangspunkt zurückkommen und die Folge als Modell für einen dynamischen Prozeß nehmen. Der Parameter a der Folge übernimmt die Rolle des Prozeßparameters (z. B. Reynoldszahl Re). An dem Grenzwert a_∞ ändert sich der Charakter der Folge grundsätzlich. Während für kleinere Werte des Parameters die Folge sich einem 2^n-Zyklus nähert, gibt es für größere Werte des Parameters eine zufällige Werteverteilung für die Folgenglieder. Da keine Gesetzmäßigkeit in der Verteilung zu erkennen ist, können wir auch von einem chaotischen Verhalten sprechen. Am Grenzwert a_∞ des Parameters geht ein periodisches Zyklenverhalten in ein chaotisches Verhalten über. Dieser Übergang wird dadurch vorbereitet, daß in immer kürzer werdenden Abständen Verdopplungen der Zyklenordnung auftreten, die sich beim Wert a_∞ häufen und den Umschlag in eine neue Qualität bewirken.

Diese Eigenschaft, daß über eine Folge von Zyklenverdopplungen und deren Häufungspunkt der Übergang zum chaotischen Verhalten eintritt, hat universellen Charakter und wird bei den unterschiedlichsten Prozessen beobachtet. Allen diesen Prozessen ist gemeinsam, daß bei ihrer mathematischen Beschreibung nichtlineare Abhängigkeiten bei den Prozeßvariablen auftreten. So auch bei unserer Modellfolge: $x_{n+1} = a \cdot x_n - a \cdot x_n^2$.

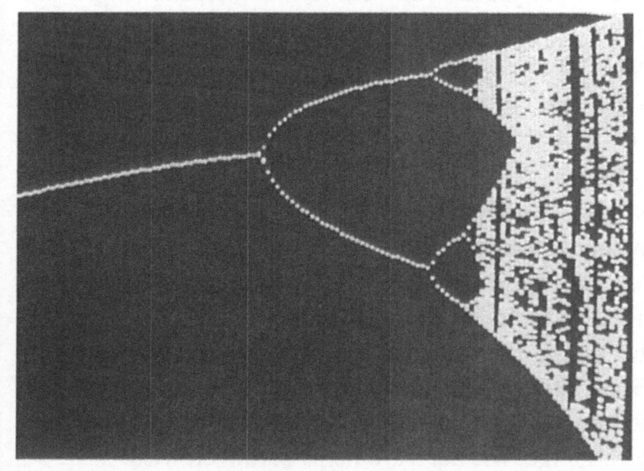

Abb. 41

Das Feigenbaum–Diagramm zeigt neben den Aufspaltungen an den Parameterwerten a_n auch interessante Eigenschaften für Parameterwerte größer als a_∞. Dazu modifizieren wir unser Graphikprogramm, damit wir Ausschnitte aus dem Feigenbaum-Diagramm in höherer Auflösung darstellen können (Abb. 41).

Ist der Wert des Parameters a größer als der Grenzwert a_∞, dann ordnen sich die Punkte zu vier unterschiedlich breiten Bändern, die sich bei dem Wert a = 3.5940 zu zwei Bändern vereinigen. Beim Wert a = 3.6776 verschmelzen die beiden Bänder zu einem breiten Band, das sich bis zum Wert a = 4 auf die Breite eins erweitert. Die Bandkanten machen sich nach der Verschmelzung der Einzelbänder noch durch größere Punktdichten in ihrer Nähe bemerkbar und sind in ihrem Verlauf bis zum Wert a = 4 zu verfolgen.

Ein weiteres Phänomen bilden deutlich erkennbare Lücken in den Bändern. So beobachten wir bei dem Parameterwert a = 3.8291 einen Dreierzyklus, der sich bei größeren Parameterwerten immer wieder verdoppelt, um erneut an einem Grenzwert für den Parameter a im Chaos zu verschwinden. Beim Wert $a = 3.739\,71$ ist ein Zyklus der Ordnung 5 und beim Wert $a = 3.701\,72$ ein Zyklus der Ordnung 7 zu beobachten, die mit dem gleichen Verhalten der Verdopplung der Ordnung der Zyklen an Grenzwerten des Parameters a ins Chaos übergehen. Durchlaufen wir die Parameterwerte rückwärts, dann stellen wir fest, daß nach der Aufspaltung in zwei Bänder beim Parameterwert $a = 3.627\,82$ in jedem Band ein Zyklus der Ordnung 3 und damit insgesamt ein Zyklus der Ordnung 6 auftritt. Beim Wert $a = 3.605\,70$ hat jedes Band einen Fünfer-Zyklus und beim Wert $a = 3.597\,24$ einen Siebener-Zyklus. In der Reihenfolge Dreier-, Fünfer- und Siebener-Zyklus in jedem Band wiederholt sich dieses Verhalten auch nach der erneuten Aufspaltung in vier Bänder.

So läuft dem Prozeß der Periodenverdopplung der Zyklen an den Parameterwerten a_n und dem Übergang zum Chaos beim Wert a_∞ ein anderer Prozeß der Bandverdopplung mit ständiger Wiederholung von Perioden mit Primzahlordnung in jedem Band entgegen.

Das Chaos bekommt damit eine äußerst komplizierte Struktur mit tiefliegenden Gesetzmäßigkeiten. Die Aufdeckung dieser Gesetzmäßigkeiten ist eine Herausforderung an den Wissenschaftler, deren Lösung viel zum Verständnis solcher Vorgänge, wie der Turbulenz, beitragen wird.

Das Chaos in der Natur ist gar kein so gesetzloser Vorgang, wie man bisher angenommen hat. Die Untersuchung nichtlinearer dynamischer Prozesse deutet darauf hin, daß es eine gewisse Ordnung in der Unordnung gibt.

Als ein neues Arbeitsgebiet ist die Beschäftigung mit nichtlinearen dynamischen Prozessen für den Mathematiker und den Naturwissenschaftler von weitreichendem Interesse, weil chaotisches Verhalten bei vielen physikalischen, chemischen und biologischen Prozessen zu beobachten ist. Sowohl bei der Entstehung unseres Sonnensystems als auch bei der Entwicklung des Lebens auf der Erde sind Übergänge zwischen Ordnung und Unordnung von grundlegender Bedeutung gewesen.

$\triangle$ Programm „Feigenbaum"

Graphische Darstellung der Werteverteilung $x_{251}, x_{252}, \ldots, x_{378}$ aus der rekursiven Folge $x_0 = 0.6; x_{n+1} = a \cdot x_n \cdot (1 - x_n)$ für a-Werte aus einem vorgebbaren Intervall.

```
9000 WINDOW:CLS:PRINT:PRINT
9010 PRINT "            FEIGENBAUM":PRINT
9020 PRINT "GRENZEN FUER PARAMETER A"
9030 INPUT "ANFANGSWERT    A0=";A0
9040 INPUT "ENDWERT        A1=";A1:PRINT
9050 PRINT "AUSSCHNITTSVERGROESSERUNG"
9060 INPUT "FAKTOR (NORM VE=1.0) VE=";VE
9070 INPUT "MITTE  (NORM YM=0.5) YM=";YM
9080 PRINT:PRINT "BILDSCHIRMGROESSE"
9090 INPUT "PIXELZAHL HORIZONTAL PH=";PH
9100 IF PH=0 THEN PH=320
9110 INPUT "PIXELZAHL VERTIKAL   PV=";PV
9120 IF PV=0 THEN PV=256
9130 HP=PH-20:VP=PV-20:X0=0.6:A=A0:CLS
9140 B=PV/2-VP*VE*YM:DA=2*(A1-A0)/HP
9150 FOR K=0 TO HP/2:XP=10+2*K:X=X0
9160 FOR I=0 TO 250:X=A*X*(1-X):NEXT
9170 FOR L=1 TO 128:X=A*X*(1-X)
9180 YP=B+VP*VE*X
9190 IF YP>5 AND YP<PV-5 THEN PSET XP,YP,7
9200 NEXT:A=A+DA:NEXT
9210 PRINT "MENU (M)?";
9220 INPUT "";M$:IF M$="" THEN 9220
9230 RUN
```

Wälzlagerrollen – Löcher – Orbiformen

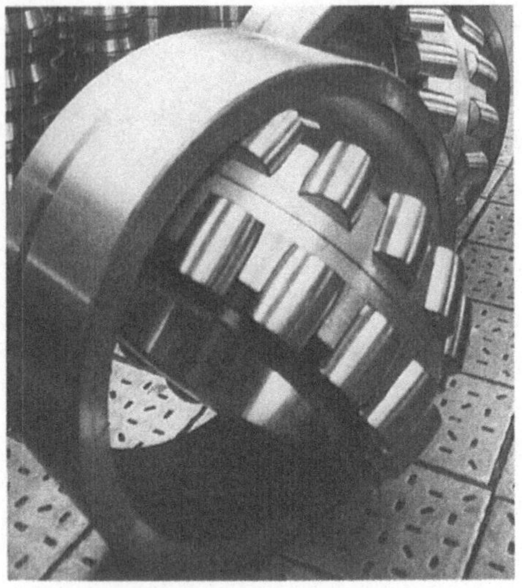

Abb. 42

Besondere Löcher – das Reuleauxdreieck

Es kommt vor, daß man einen Gegenstand – ein Brett oder ein Metallwerkstück – mit einem eckigen (z. B. einem quadratischen) Loch versehen muß. Ist das Material nicht zu allzu dick, wird man es sicher mit einem handelsüblichen Bohrer und einer Feile nach einiger Zeit schaffen – mit mehr oder weniger großer Genauigkeit. Allerdings ist der Aufwand recht groß, und man möchte sicher nicht viele solche Löcher anfertigen. Es kann dies auch auf wesentlich elegantere Weise geschehen. In Abb. 43a ist der Querschnitt eines Bohrers aufgezeichnet, der ein annähernd quadratisches Loch ausbohrt. Die Abb. 43b zeigt einen etwas vereinfachten Querschnitt der Figur, die dies bewerkstelligt.

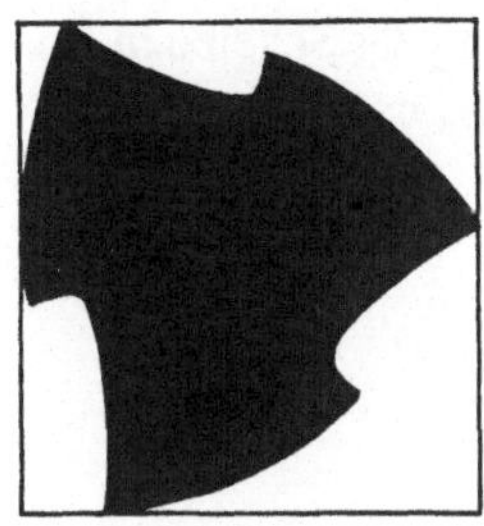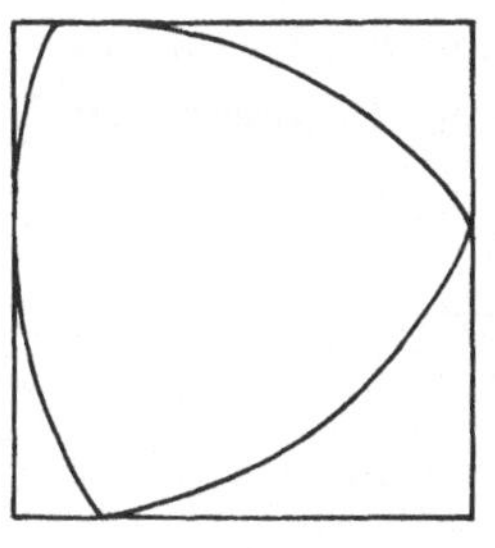

Abb. 43 a (links)
und b (rechts)

Es ist ein *Reuleauxdreieck* — benannt nach dem deutschen Physiker F. REU-
LEAUX (1829 – 1905). Bei der Ausbohrung des Loches wird die Eigenschaft
der Figur benutzt, daß sie sich in einem Quadrat allseitig berührend drehen
läßt, die Seiten des Quadrates weitgehend überstreicht und dabei auch den
Ecken des Quadrates sehr nahe kommt. Das Reuleauxdreick wird für eine
Vielzahl von Mechanismen und technischen Anwendungen genutzt, von
denen wir noch eine weitere vorstellen wollen:
Auf einer ebenen Platte befinden sich zwei vertikale Schlitze S und eine
rechteckige Aussparung A, vgl. Abb. 44. In den beiden Schlitzen sind zwei
Bolzen, die auf einer beweglichen Unterlage befestigt sind, so daß die Platte
nur nach oben und unten bewegt werden kann. In der Aussparung A befindet
sich eine Scheibe R in Form eines Reuleauxdreieckes, die an einer senkrecht
zur Zeichenebene stehenden Achse O befestigt ist.

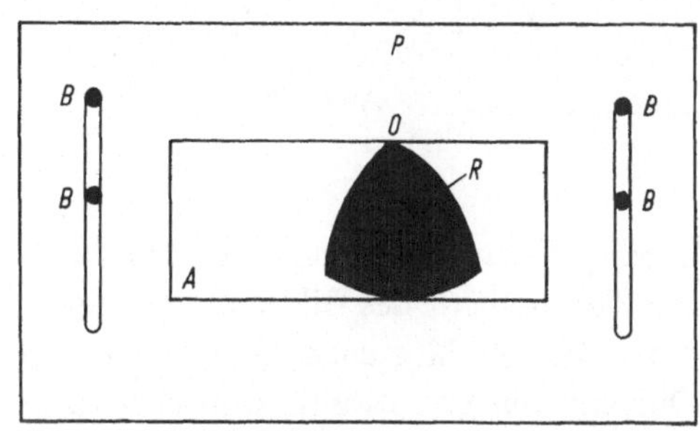

Abb. 44

Wir beobachten, wie sich die Platte bewegt, wenn sich die Scheibe R um die
Achse O dreht. Man sieht, daß die Platte bei einer Drehung der Scheibe um
120° gehoben wird, Abb. 45a. Bei weiterer Drehung um 60° bleibt die Platte
unbewegt, Abb. 45b, senkt sich bei erneuter Drehung um 120°, Abb. 45c,
und bleibt danach bis zur Ausgangslage der Scheibe, Abb. 45d, unbewegt.

Auf diese Weise kann die gleichmäßige Drehbewegung der Scheibe in eine zeitweilige geradlinige Bewegung der Platte umgesetzt werden.

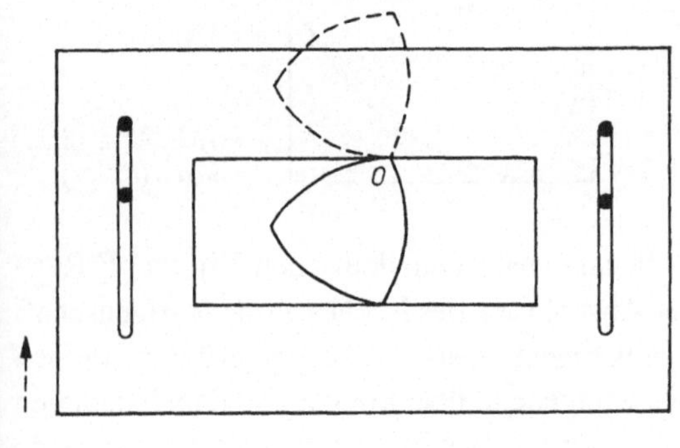

Abb. 45a

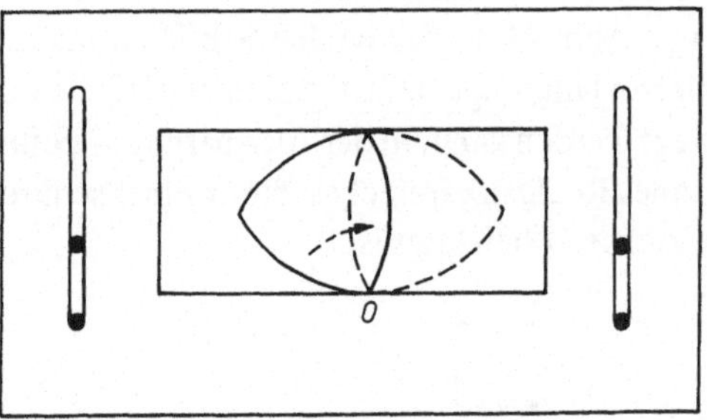

Abb. 45b

Dieser Mechanismus kann zum Beispiel zur Bewegung eines Filmes im Filmprojektor genutzt werden: Um die Unschärfe des Bildes zu vermeiden, muß sich der Film ruckweise drehen. Bei geschlossenem Objektiv bewegt sich der Film – bei geöffnetem Objektiv muß er zeitweilig stillstehen. Dies realisiert der gerade beschriebene Greifer.[1] Eine andere Anwendung des Reuleauxdreieckes finden wir z. B. beim Wankel- oder Drehkraftkolbenmotor.

---

[1] R. REZAC: Rund um die großen Erfindungen. Berlin: Kinderbuchverlag 1986.

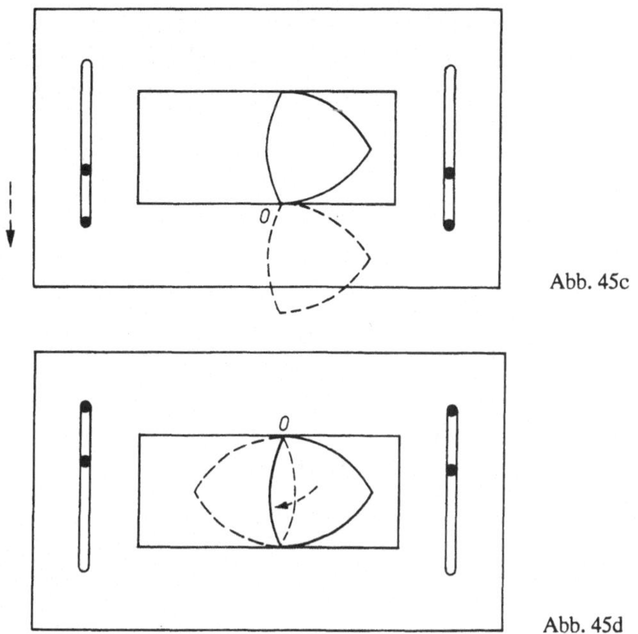

Abb. 45c

Abb. 45d

Beschreibung von konvexen Figuren

Das Reuleauxdreieck gehört zu den *konvexen* Figuren. Diese zeichnen sich
dadurch aus, daß mit zwei Punkten , die in der Figur liegen, auch die ganze
Verbindungslinie in der Figur liegt. Solche Figuren lassen sich mathematisch oft recht gut durch die *Stützfunktion* beschreiben. Diese Stützfunktion
kann man zu jeder gegebenen Figur folgendermaßen bestimmen (Abb. 46a).
Man legt einen Urspung O innerhalb der Figur fest und zieht von diesem
einen Strahl s in beliebige Richtung. Zeichnet man von O ausgehend noch
einen weiteren Strahl s' ein, so schließt s mit s' (immer im Gegenuhrzeiger-
sinn gerechnet) den Winkel τ ein. Wir betrachten nun die zu s' senkrechte
Gerade t', die die Figur berührt, und erhalten einen Schnittpunkt P. Dieser
Schnittpunkt P hat zu O einen Abstand, der vom Winkel τ abhängt, und den
wir mit $h(\tau)$ bezeichnen. Schließlich bildet die Abbildung, die jedem Winkel $\tau \in [0, 2\pi]$ den Abstand zwischen O und P zuordnet, die Stützfunktion
h. Wir wollen sie z. B. für den Kreis finden: Dazu legen wir den Punkt O

in den Mittelpunkt des Kreises und legen weiterhin von O ausgehend einen Strahl s in beliebiger Richtung fest. Man sieht nun leicht, daß für jeden Winkel τ die Stützfunktion h den Wert von r, dem Radius des Kreises, hat (Abb. 46b).

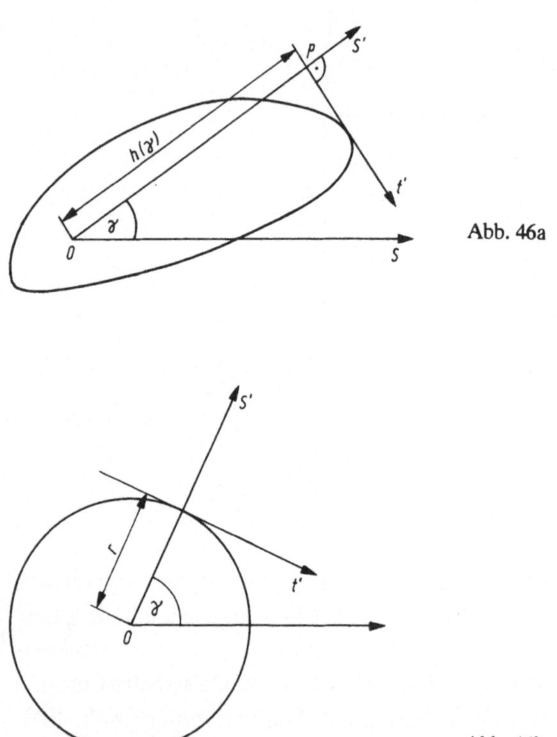

Abb. 46a

Abb. 46b

Nun lassen sich auch andere Kenngrößen konvexer Figuren mit Hilfe der Stützfunktion beschreiben. Man kann z. B. ein Reuleauxdreieck in einem Meßschieber „ausmessen", mit anderen Worten, dessen *Breite* in einer Richtung τ feststellen. Wie man das Dreieck auch dreht, es kommt immer dieselbe Größe, die Seitenlänge des Dreiecks heraus. Die Breite gibt an, welchen Abstand die Schenkel des Meßschiebers haben, wenn die Figur gerade noch hineinpaßt, d. h., die Breite ist gleich dem Abstand zweier paralleler Ge-

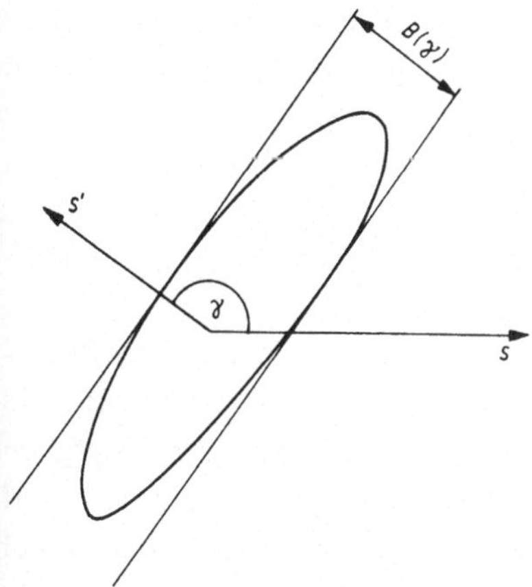

Abb. 46c

raden, die die Figur berühren (Abb. 46c) und berechnet sich demzufolge mittels der Stützfunktion gemäß

$$B(\tau) := h(\tau) + h(\tau + \pi).$$

Solche Figuren, die in jeder Richtung gleichbreit sind, heißen *Gleichdicke*. Neben dem Kreis gehört auch das Reuleauxdreieck dazu. Hat z. B. der Deckel einer Dose die Form eines Reuleauxdreieckes, so kann er nicht in die zugehörige Dose fallen, er ist in jeder Richtung genauso breit.

Die beste Ausbohrung eines regulären n-Ecks

Kommen wir noch einmal auf die anfangs angeschnittene Frage der Ausbohrung eines Vier- oder allgemeiner eines n-Eckes zurück. Wir hatten festgestellt, daß sich das Reuleauxdreieck im Quadrat allseitig berührend drehen läßt. Figuren mit dieser Eigenschaft, die sich in einem n-Eck allseitig berührend drehen lassen, heißen *n-Orbiformen*. Wir wollen nun danach fragen, welche n-Orbiform einen vorgegebenen Querschnitt, ein n-Eck, am besten ausbohrt. Für reguläre n-Ecke (d. h. solche, deren Seitenlängen und Innenwinkel gleichgroß sind) wurde diese Frage beantwortet.[1] Zunächst

---

[1] J. FOCKE: Die beste Ausbohrung eines regulären n-Ecks. ZAMM **49** (1969) 4, S. 235–248.

müssen wir klären, was „das Beste" ist. Hier sind verschiedene Zielstellungen möglich, und der Anwender muß entscheiden, welche seinen Wünschen am nächsten kommt. Beispielsweise könnte man fragen

(A) nach der Ausbohrung, die längs der Seiten möglichst nahe an die Ecken heranreicht, oder

(B) nach der Ausbohrung, die von innen her möglichst nahe an die Eckpunkte des n-Ecks reicht.

Beide Aufgaben lassen sich mit Hilfe der im vorangehenden Abschnitt eingeführten Stützfunktion als Optimierungsaufgaben formulieren und für alle regulären n-Ecke lösen. Zur mathematischen Formulierung der Aufgabe (A) beispielsweise betrachten wir eine n-Orbiform in einem n-Eck und zeichnen den Ausschnitt mit den Ecken P_1, P_2, P_3 und dem Außenwinkel $\delta = 2\pi/n$ (Abb. 47).

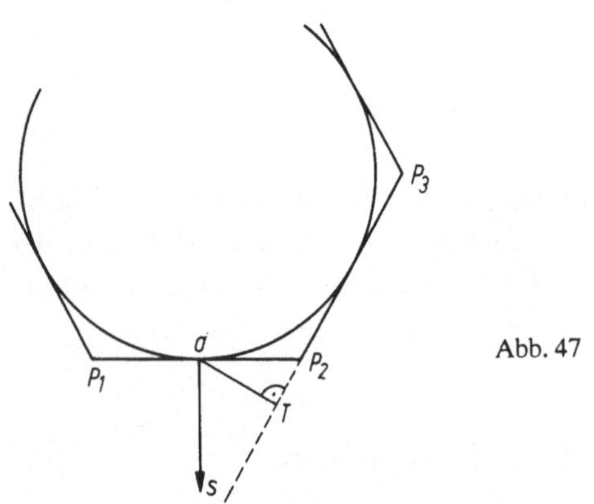

Abb. 47

Zur Festlegung der Stützfunktion für die gesuchte n-Orbiform legen wir den Punkt O in den Berührungspunkt der n-Orbiform mit der Seite $\overrightarrow{P_1P_2}$, und den Strahl s wählen wir senkrecht zu $\overrightarrow{P_1P_2}$. Zwischen s und $\overrightarrow{OT}$ liegt dann ebenfalls der Winkel δ. Der Abstand der Seite $\overrightarrow{P_2P_3}$ von O ist nach Definition der Stützfunktion gleich $h(\delta)$, und aus Abb. 47 ergibt sich $|\overrightarrow{OP_2}| = (1/\sin\delta)|\overrightarrow{OT}|$ mit $|\overrightarrow{OT}| = h(\delta)$. Also kann das Problem (A) durch die Forderung, $(1/\sin\delta)h(\delta)$ zu minimieren, formuliert werden, und es müssen alle diejenigen Stützfunktionen h berücksichtigt werden, die zu Orbiformen des entsprechenden n-Ecks gehören. Die optimale Orbiform kommt dann in ihrem Berührungspunkt O der Ecke P_2 längs der Seite $\overrightarrow{P_1 P_2}$ am nächsten, also auch die von ihr erzeugte Ausbohrung.

Wir wollen für einige n die Lösung der Aufgaben (A) und (B) vorstellen.

$n = 3$:

Gegeben ist ein gleichseitiges Dreieck. Das Kreisbogenzweieck löst die Probleme (A) und (B) auf ideale Weise, indem es das vorgegebene Dreieck vollständig ausbohrt (Abb. 48). Die beiden Kreisbögen, aus denen das Kreisbogenzweieck besteht, haben den Radius a, wobei a die Höhe des gleichseitigen Dreiecks ist (vgl. auch entspechendes BASIC-Programm).

$n = 4$:

Die Abb. 49 zeigt die optimale Orbiform im Sinne der Aufgabenstellung (A) und (B). Konstruktiv gewinnt man das Reuleauxdreieck, die optimale Figur, indem man um jede Ecke eines gleichseitigen Dreiecks mit der Seitenlänge b (= Seitenlänge des Quadrates) einen Kreisbogen vom Radius b zwischen den beiden anderen Ecken schlägt.

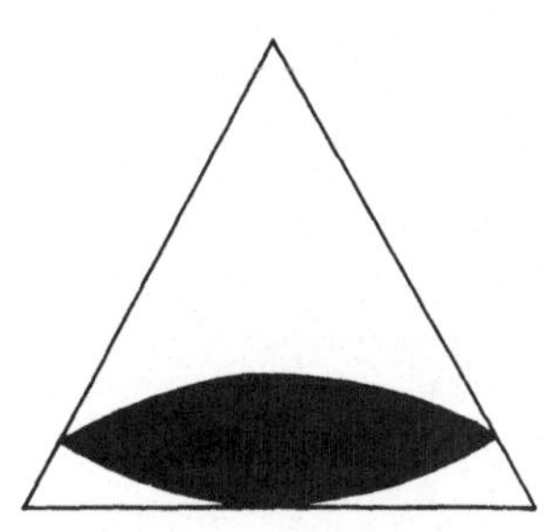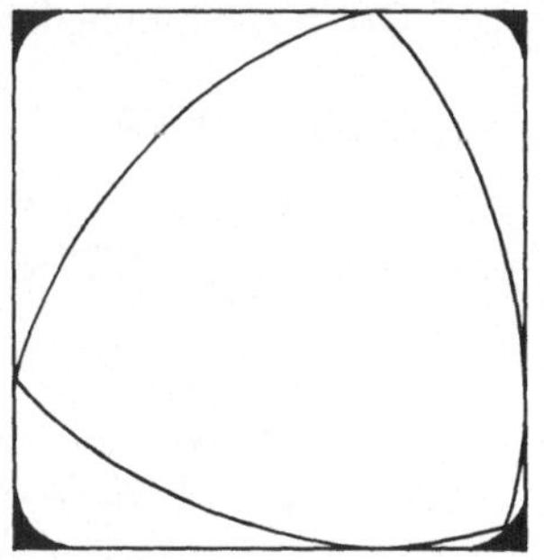

Abb. 48 (links) und 49 (rechts)

$n = 5$:

Die sich im Falle des regulären 5-Ecks ergebende optimale Orbiform im Sinne der Zielstellung (A) ist in Abb. 50a angegeben. Sie unterscheidet sich von der der Aufgabe (B) (Abb. 50b).

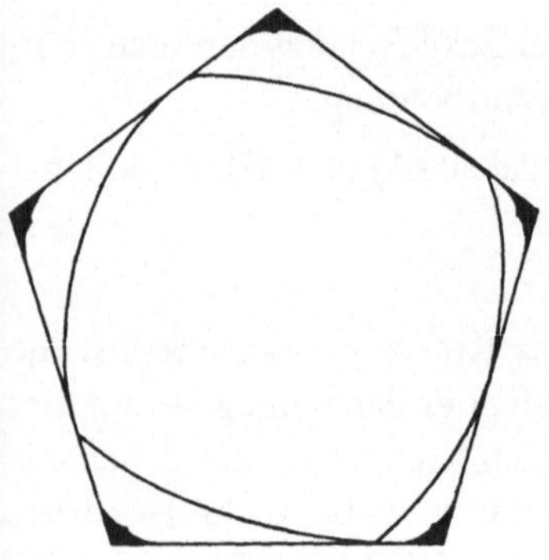 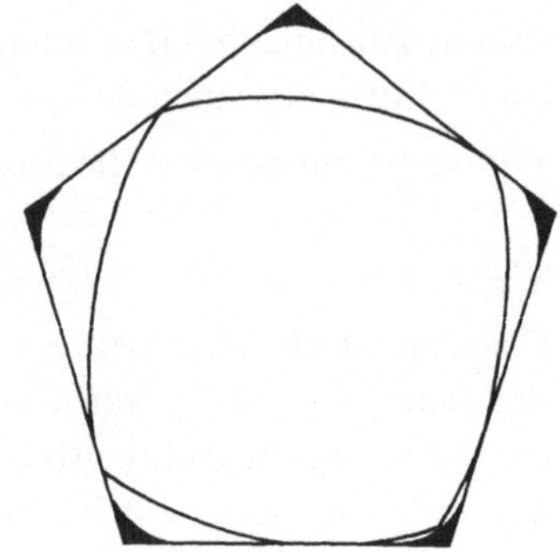

Abb. 50 a (links) und b (rechts)

Wälzlagerrollen

Bisher haben wir n-Orbiformen als besondere Figuren kennengelernt, als
Figuren, die man für verschiedenste Zwecke technisch ausnutzen und ihre
Eigenschaften sinnvoll verwenden kann. Nun wollen wir noch eine technische Anwendung beschreiben, bei der n-Orbiformen entstehen, wo man
aber gewisse Orbiformen unbedingt vermeiden muß. Wir wollen uns et-

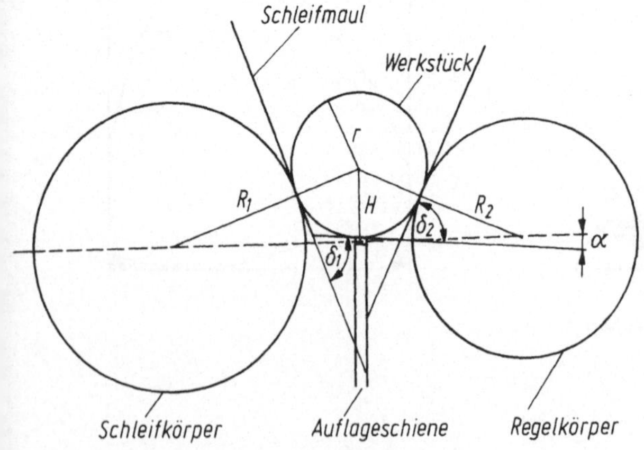

Abb. 51a: Geometrische Anordnung beim Außenrundschleifen:
R_1 Schleifkörperradius, R_2 Regelkörperradius, r Werkstückradius, δ_1, δ_2 Außenwinkel beim
Schleifmaul, H Werkstücküberhöhung, α Winkel der Auflageschiene

was eingehender mit der Herstellung von Wälzlagerrollen befassen. Das
Wälzlager entsteht durch Außenrundschleifen im sogenannten „Schleifmaul", dessen Querschnitt in Abb. 51a gezeigt wird. Das Rundschleifen
des Werkstückes erfolgt durch Drehen der Wälzlagerrolle im Schleifmaul,
wobei das Werkstück ständig an der Auflageschiene, dem Regelkörper
und dem Schleifkörper anliegt. In den praktisch wichtigen Fällen ist das
Werkstück gegen den Schleifkörper und den Regelkörper klein, und man
kann sich deshalb etwas vereinfacht vorstellen, daß es nur in je einem Punkt
das Scheifmaul, die Auflageschiene und den Regelkörper berührt und ge-
danklich Schleif-, Regelkörper und Auflageschiene durch Geradenstücke
g_S, g_R und g_A ersetzen (Abb. 51b).

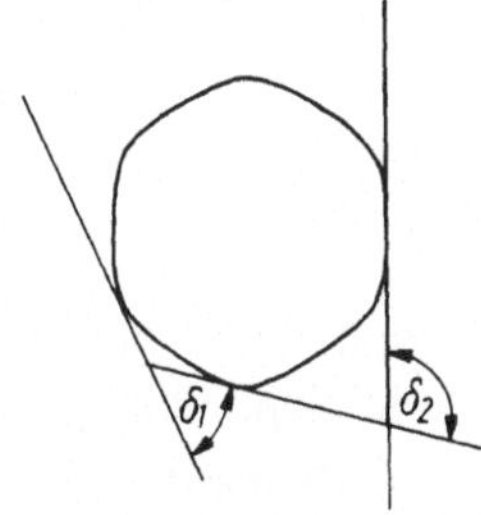

Abb. 51b: Orbiform im Geradenmaul

Das Werkstück kann nur solche Querschnittsformen annehmen, die sich,
an allen Seiten g_S, g_R und g_A berührend, im Geradenmaul drehen lassen.
Zunächst hätte man sicher geglaubt, daß bei dieser Art des Schleifens nur
kreisförmige Querschnitte entstehen können! Man muß aber damit rechnen,
daß auch andere Querschnitte – die Orbiformen – entstehen, und solche treten auch tatsächlich auf. Die in Abb. 51b gezeichnete Orbiform weist sechs
„Unrundheiten" oder „Ecken" auf, d. h. Stellen, wo der Rand des Querschnittes vom Kreisbogen abweicht. Stellt man sich vor, daß das Werkstück
eine Wälzlagerrolle werden soll, so ist sicher klar, daß das Gleiten der
Walzen im Lager durch solche Abweichungen des Wälzlagerquerschnittes
von der Kreisform gestört ist, die Qualität des Lagers wird stark beein-
trächtigt. Die Abweichung des Querschnittes vom Kreis, der *Formfehler*,
ist dann besonders groß, wenn die Zahl der „Ecken" der Orbiform klein ist
(etwa 3, 4, . . . , 7). Mit wachsender Zahl der „Unrundheiten" nähert sich der
Querschnitt immer mehr der Kreisform.
Es kommt nun darauf an, daß man durch geschickte Wahl der geome-

trischen Anordnung von Schleif-, Regelkörper und Auflageschiene, d. h.
durch günstige Wahl der Winkel δ_1 und δ_2 im Geradenmaul und durch ge-
eignete Werkstücküberhöhung H sowie Winkel der Auflageschiene α das
Entstehen von Orbiformen mit kleiner „Eckenzahl" vermeidet.

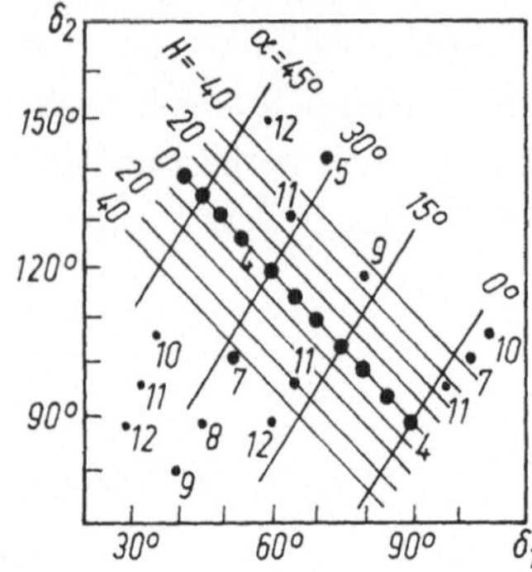

Abb. 52

Der Bereich der praktisch realisierbaren Schleifmäuler, d. h. der technisch
möglichen Anordnungen der geometrischen Größen, ist in Abb. 52 dargestellt. Hieraus kann man ablesen, daß man sich für jeden Auflageschienen-
winkel α bei Werkstücküberhöhungen zwischen -20 mm und 20 mm in
unmittelbarer Nähe der Werte $\delta_1 + \delta_2 = 180°$ befindet, so daß aus geometrischen Gründen stets mit der Entstehung von 4-Orbiformen, insbesondere
mit Kreisbogenzweieck, -dreieck, -fünfeck und -siebeneck zu rechnen ist.
(Die in der Abb. 52 eingezeichneten Kreise geben an, welche Orbiformen
wann entstehen können, etwa der bei $\delta_1 = 60°$ und $\delta_2 = 120°$, d. h.
$\delta_1 + \delta_2 = 180°$, zeigt an, daß bei dieser Anordnung die Gefahr für das Entstehen einer 4-Orbiform besteht.) Ob überhaupt und welcher Formfehler
nun im einzelnen tatsächlich entsteht, hängt wahrscheinlich wesentlich von
den durch die Drehzahl bedingten Eigenschwingungen der Maschine ab.
Zur Vermeidung der Formfehler hat die Wahl der geometrischen Größen
so zu erfolgen, daß sich keine gefährlichen n-Orbiformen in der Nachbar-
schaft befinden. Das ist aber nach Abb. 52 nur durch technische Realisierung
größerer Werkstücküberhöhungen von $H = 40$ mm möglich. Beispielsweise entsteht für Werte von $H = 40$ mm, $\alpha = 15°$ theoretisch keine Gefahr
für das Entstehen gefährlicher n-Orbiformen. Diese Erkenntnis wird dadurch in die Praxis umgesetzt, daß man beim Vorschleifen des Rohlings die

größtmöglichen Werkstücküberhöhungen bevorzugt.[1]

△ Programm „Ausbohren eines Dreiecks"
Es werden die Phasen der Drehung eines Kreisbogenzweiecks in einem Dreieck gezeigt, wobei dessen Fläche vollständig überstrichen wird.

```
10000 WINDOW:CLS:PRINT
10010 PRINT "EIN KREISBOGENZWEIECK BOHRT";
10020 PRINT " EIN GLEICH- SEITIGES DREI";
10030 PRINT "ECK VOLLSTAENDIG AUS":PRINT
10040 DIM E(2,3):DIM H(2,2):DIM X(2,180)
10050 E(1,1)=60:E(2,1)=50:E(1,2)=240
10060 E(2,2)=50:E(1,3)=150:Y=90*SQR(3)
10070 E(2,3)=Y+50:AL=0:H(1,1)=E(1,1)
10080 H(2,1)=E(2,3):H(1,2)=240
10090 H(2,2)=H(2,1)
10100 FOR J=0 TO 178 STEP 10:K=1
10110 PP=-J*PI/540+AL
10120 Z2=Y*SIN(PP)
10130 W2=-Y*COS(PP)
10140 CO=COS(1/Y):SI=SIN(1/Y)
10150 P=H(1,1)+(H(1,2)-H(1,1))*J/180
10160 Q=H(2,1)+(H(2,2)-H(2,1))*J/180
10170 FOR I=PP*Y TO (PP+PI/3)*Y
10180 B=ABS(50-Q-W2)+50+Q+W2:B=B/2
10190 PSET P+Z2,B,6:X(1,K)=P+Z2
10200 X(2,K)=Q+W2:K=K+1
10210 Z1=Z2:W1=W2
10220 Z2=Z1*CO-W1*SI:W2=Z1*SI+W1*CO
10230 NEXT I:L=1
10240 P1=X(1,1):P2=X(2,1)
10250 Q1=X(1,K-1):Q2=X(2,K-1)
10260 D2=(Q1-P1)*(Q1-P1)-(Q2-P2)*(P2-Q2)
10270 L=L+1:R1=X(1,L):R2=X(2,L)
10280 D1=(Q1-P1)*(R2-P2)-(Q2-P2)*(R1-P1)
10290 D=D1/D2
10300 S1=R1+2*D*(Q2-P2):S2=R2+2*D*(P1-Q1)
10310 S2=ABS(50-S2)+50+S2:S2=S2/2
10320 PSET S1,S2,6
10330 IF L<K-2 THEN GOTO 10270
10340 NEXT J:AL=2/3*PI+AL
10350 IF AL>2/3*PI THEN GOTO 10390
10360 H(1,1)=105:H(2,1)=50-SQR(3)*45
10370 H(1,2)=15:H(2,2)=50+SQR(3)*45
10380 GOTO 10100
10390 IF AL>4/3*PI THEN GOTO 10430
10400 H(1,1)=285:H(2,1)=50+45*SQR(3)
10410 H(1,2)=195:H(2,2)=50-45*SQR(3)
10420 GOTO 10100
10430 LOCATE 27,0:PRINT "WEITER (J)?";
10440 INPUT "";W$:IF W$<>"J" THEN 10440
10450 RUN
```

---

[1] J. FOCKE: Über das Entstehen von Formfehlern beim spitzenlosen Außenrundschleifen. Maschinentechnik **17** (1968) 1, S. 7–10.

Kühe – Freizeitsport – dynamisches Optimieren

Die namenlosen Kühe

Kuhmilch ist ein äußerst wichtiges Nahrungsmittel. Selbst wer glaubt, sie als Getränk notfalls entbehren zu können, möchte bestimmt nicht auf Butter, Sahneeis oder Quarkkuchen verzichten.

In der Landwirtschaft gibt es neben kleineren Ställen eine Anzahl großer Milchviehanlagen mit mehr als tausend Kühen. Wissenschaftliche Zucht- und Pflegemethoden sorgen hier für ein hohes Leistungsniveau, beseitigen jedoch nicht die individuellen Unterschiede zwischen den einzelnen Tieren.

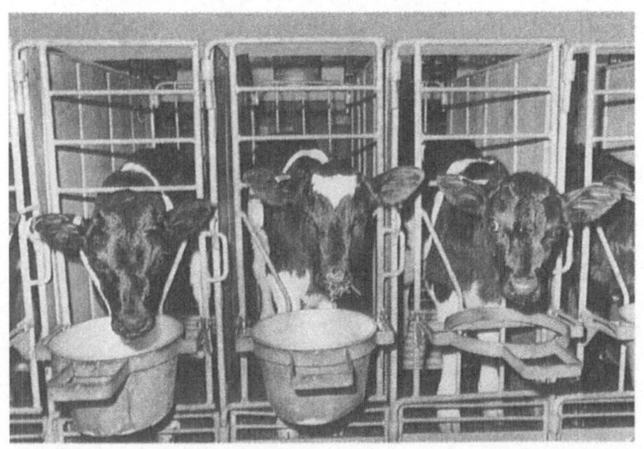

Abb. 53

Ein Bauer mit wenigen Kühen kennt die Besonderheiten seiner Tiere sehr genau. Er merkt, wenn „Lore" in der Leistung nachläßt, und wählt nach Erfahrung, Gelegenheit und Geldbeutel den Zeitpunkt ihrer Ersetzung durch eine Färse, das heißt eine erstmals tragende Kuh.

In einem großen Stall werden die Tiere nicht mehr beim Namen genannt, sondern durch die Nummern ihrer Stallplätze unterschieden. Für jeden Stallplatz sind zwei Zahlen maßgebend: das Alter a (in Monaten seit der Einstallung als Färse) und die für jeden Monat neu festgestellte Leistungsklasse k (etwa von 0 = „sehr schlecht" bis 5 = „ausgezeichnet") der dort stehenden Kuh. Diese Daten werden in den modernen Anlagen mit Computern erfaßt und ausgewertet. In Tab. 13 ist ein denkbarer Ausschnitt aus einer solchen Datenliste zu sehen.

Nr. 891	... 1. Mai	1. Juni	1. Juli	1. Aug.	1. Sept. ...
Alter a	86	87	88	0	1
LK k	3	1	1	0	2

Tab. 13

Die Zahlen dieser Tabelle verraten, daß auf dem Platz mit der Nummer 891 am 1. Mai des betrachteten Jahres eine 86 Monate alte Kuh der LK (Leistungsklasse) 3 stand, deren Leistung in den Folgemonaten auf 1 absank. Ende Juli wurde sie gemerzt, d. h. als Schlachtvieh ausgesondert, und ab 1. August befand sich auf ihrem Platz eine für die Zukunft mehr Gewinn versprechende Färse.

Wenn man solche Listen für eine größere Anzahl Stallplätze jahrelang führt, dann hat man viele Daten, mit denen sich allerhand anfangen läßt. Folgendes Beispiel soll das illustrieren: Wir betrachten das Alter 46 und die LK 4. Diese Kombination trete in unseren Listen 608 mal auf. Einen Monat später sind von diesen Kühen 19 in die LK 0, 38 in die LK 1, 95 in die LK 2 und 114 in die LK 3 abgerutscht; 190 verbleiben in der LK 4, und 152 haben sogar die LK 5 erreicht. Anteilmäßig ergibt sich also

$$\frac{19}{608} \text{ LK } 0, \ \frac{38}{608} \text{ LK } 1, \ \frac{95}{608} \text{ LK } 2, \ \frac{114}{608} \text{ LK } 3, \ \frac{190}{608} \text{ LK } 4 \text{ und } \frac{152}{608} \text{ LK } 5.$$

Ebenso lassen sich solche Anteile für die anderen fünf Leistungsklassen des Alters 46 und schließlich für jedes Alter zwischen 0 und einer gewissen Höchstgrenze (etwa 100) bestimmen. Richtiges Rechnen vorausgesetzt, ist die Summe der erhaltenen sechs Zahlen immer Eins.

Hat man genügend zuverlässiges Zahlenmaterial zur Verfügung, dann können solche *relative Häufigkeiten* als *Wahrscheinlichkeiten* (vgl. Kapitel

„Stahl") gedeutet werden. Falls nur wenige Werte hinzugezogen würden, wäre das falsch:

Sind in einer Klinik an einem bestimmten Tag zehn Kinder geboren worden, von denen zufällig acht Jungen sind, so ist die relative Häufigkeit 0.8. Das ist natürlich nicht die Wahrscheinlichkeit für die Geburt eines Jungen! Wertet man jedoch die Geburten eines ganzen Jahres oder vieler Kliniken aus, dann wird der Jungenanteil gewiß nahe bei 0.5 liegen.

Zurück zu den Kühen! Wenn sich die Bedingungen der Tierhaltung nicht ändern, können mit den errechneten *Übergangswahrscheinlichkeiten* Zukunftsvorhersagen getroffen werden. Bei den 46 Monate alten Kühen der LK 4 ist sicher auch in Zukunft zu erwarten, daß im Folgemonat knapp ein Drittel (etwa $\frac{190}{608}$) die LK 4 beibehält, ein Viertel besser wird und nur ein kleiner Teil (etwa $\frac{19}{608}$) in die niedrigste Leistungsklasse abfällt.

Aus der gegenwärtigen Situation im Stall (Anzahl Tiere pro Alter und Leistungsklasse) läßt sich unter Benutzung der gesamten großen Wahrscheinlichkeitstabelle die voraussichtliche Tierzusammensetzung in einem Monat, in zwei Monaten oder in einem Jahr berechnen, sofern eine Entscheidungsregel für das Merzen bekannt ist. Weil die Anzahl der möglichen Zustände in diesem Modell sehr groß (etwa 100 verschiedene Alter mal 6 LK) und zusätzlich das Vorgehen beim Merzen zu berücksichtigen ist, wenden wir uns zunächst einem viel kleineren Beispiel zu.

Fußballprognose

Harald spielt mit großer Begeisterung in einer Schulmannschaft Kleinfeldfußball. Seine „Elf" hat sich im vorigen Jahr bei Turnieren schon recht gut geschlagen, ist aber nicht ganz stabil. Mal scheidet ein Spieler aus, mal kommt ein neuer hinzu. Zu Beginn der 6. Klasse hat die Mannschaft die vom Übungsleiter als ausreichend angesehene Stärke von 13 Spielern. Harald fragt besorgt, ob die Lage bis zur 10.Klasse so günstig bleiben wird, und der Übungsleiter verrät ihm folgendes:

Die Sportlehrer der Schule haben sich neulich über den Freizeitsport Gedanken gemacht und dabei u. a. alle Jungen der 5. bis 10. Klasse in vier Gruppen eingeteilt:

F: Fußballer

L: Leichtathleten

A: Vertreter anderer Sportarten

N: Schüler, die keinen Freizeitsport treiben.

Langjährige Erfahrungen besagen, daß sich diese Gruppen im Laufe der Zeit auf bestimmte Weise ändern. Zum Beispiel bleiben innerhalb eines Jahres etwa 80% der Fußballer ihrer Mannschaft treu, 5% gehen zur Leichtathletik und 10% zu anderen Sportarten über, 5% hören erst einmal ganz mit dem außerschulischen Sport auf. Auch für die anderen drei Gruppen sind derartige Prozentsätze bekannt. Als relative Häufigkeiten (Teile von 1) geschrieben, finden wir sie in Tab. 14.

nach \ von	F	L	A	N	
F	0.80	0.10	0.15	0.10	
L	0.05	0.70	0.10	0.10	
A	0.10	0.20	0.65	0.20	
N	0.05	0.00	0.10	0.60	Tab. 14

Die erste (senkrechte) Spalte der Tabelle enthält die uns bereits bekannten Angaben zum Fußball. Der zweiten entnehmen wir, daß jährlich etwa 10% der Leichtathleten zum Fußball wechseln, 70% bei der Leichtathletik bleiben, 20% eine andere Sportart wählen und niemand den Freizeitsport aufgibt. Wir registrieren, daß jede Spaltensumme Eins ist.

Interessanterweise sind die angegebenen Zahlen an Haralds Schule für die 5. bis 10. Klasse annähernd gleich und in den letzten Jahren ziemlich konstant geblieben; außerdem hängen sie nicht von der Vorgeschichte einer Gruppe oder deren Stärke ab. Deshalb kann die Freizeitsportentwicklung als *Markowsche Kette* mit der (hier transponiert geschriebenen) *Übergangsmatrix*

$$P^{\mathsf{T}} = \begin{pmatrix} 0.80 & 0.10 & 0.15 & 0.10 \\ 0.05 & 0.70 & 0.10 & 0.10 \\ 0.10 & 0.20 & 0.65 & 0.20 \\ 0.05 & 0.00 & 0.10 & 0.60 \end{pmatrix}$$

modelliert werden. Charakteristisch für eine Übergangsmatrix P ist, daß alle Elemente zwischen 0 und 1 liegen (0 und 1 sind beide auch möglich) und daß jede (waagerechte) Zeile, in P^{T} also jede (senkrechte) Spalte, die Summe 1 hat.

Aus den Gruppenstärken zu Beginn eines Schuljahres können mit Hilfe der Matrix P oder $P^\top$ die ein Jahr später zu erwartenden Gruppenstärken berechnet werden.

In Haralds Jahrgang gibt es zu Beginn der 6. Klasse 13 Fußballer, 8 Leichtathleten, 15 andere Sportler und 8 Nichtaktive. Nach einem Jahr beträgt die Anzahl der Fußballer voraussichtlich

$$0.8 \cdot 13 + 0.1 \cdot 8 + 0.15 \cdot 15 + 0.1 \cdot 8 = 14.25.$$

Das heißt, wenn alles so läuft wie bisher, ist mit 14 oder sogar mehr Fußballern zu rechnen. Für die anderen drei Gruppen erhält man auf demselben Wege $8.55\ L$, $14.25\ A$ und $6.95\ N$. Mit diesen zu Beginn der 7. Klasse zu erwartenden Gruppenstärken können nun die Aussichten für die darauffolgenden Jahre ermittelt werden. Harald interessiert sich für die Situation zu Beginn der 10. Klasse. Er hat das Berechnungsprinzip verstanden und braucht „nur" noch 4 mal 16 Multiplikationen und 4 mal 4 Additionen auszuführen.

Wer die Regeln der Matrizenrechnung beherrscht (vgl. Kapitel „Benzin"), kann sich an der folgenden allgemeineren Darstellung orientieren: In einem System (Jungen der 5. bis 10. Klasse) befindet sich jedes Element (jeder Schüler) in einem der Zustände $Z_1, Z_2, \ldots, Z_m$ mit $m \geq 2$ (F, L, A, N). Die Wahrscheinlichkeit dafür, daß ein Element im Zustand Z_i nach einer Zeitperiode (einem Jahr) in den Zustand Z_j übergegangen ist, sei p_{ij}. Die aus den p_{ij} gebildete Matrix heiße P.

Wir setzen $x^k = \left(x_1^k, \ldots, x_m^k\right)^\top$, wenn x_i^k Elemente zum Zeitpunkt k im Zustand Z_i sind. Damit gilt für jedes natürliche $r \geq 1$:

$$x^{k+1} = P^\top x^k, \quad x^{k+2} = P^\top x^{k+1} = P^\top P^\top x^k, \ldots,$$

$$x^{k+r} = \underbrace{P^\top \ldots P^\top}_{r\ \text{Faktoren}} x^k = (P^\top)^r x^k.$$

Am Kapitelende ist ein BASIC–Programm zur Berechnung von $(P^\top)^r$ und x^{k+r} zu finden. (Man beachte: k bzw. $k+r$ ist ein oberer Index von x, $(P^\top)^r$ dagegen die r-te Potenz von $P^\top$.)

Harald kann mit $x^6 = (13, 8, 15, 8)^\top$ als Zustand in der 6. Klasse mit seiner speziellen Matrix $P^\top$ nach den Formeln

$$x^7 = P^\top x^6, \quad x^8 = P^\top x^7, \quad x^9 = P^\top x^8 \text{ und } x^{10} = P^\top x^9$$

die Zahlenstärken einer jeden Sportgruppe in der 7. bis 10. Klasse bestimmen. Er erhält (auf zwei Stellen nach dem Komma gerundet)

$$
x^7 = \begin{pmatrix} 14.25 \\ 8.55 \\ 14.25 \\ 6.95 \end{pmatrix}, \quad
x^8 = \begin{pmatrix} 15.09 \\ 8.81 \\ 13.79 \\ 6.31 \end{pmatrix}, \quad
x^9 = \begin{pmatrix} 15.65 \\ 8.94 \\ 13.49 \\ 5.92 \end{pmatrix}, \quad
x^{10} = \begin{pmatrix} 16.03 \\ 8.98 \\ 13.31 \\ 5.68 \end{pmatrix}.
$$

Aus den Werten von x^{10} geht hervor, daß in der 10. Klasse mit ca. 16 Fußballern, 9 Leichtathleten und 13 oder mehr anderen Sportlern zu rechnen ist, während nur 5 bis 6 Jungen keiner Sportgruppe angehören. Harald kann also optimistisch in die Zukunft schauen. Er ahnt allerdings, daß unvorhergesehene Ereignisse seine Prognose leicht umstoßen können. Die Leistungsentwicklung im Rinderstall ist mit viel größerer Sicherheit vorherzusagen, denn ihr liegen wesentlich mehr Zahlen zugrunde, und Kühe sind in der Regel nicht so unberechenbar wie manche Schulbuben.

Rechnen – abwarten – handeln

Wir erinnern uns: Im großen Rinderstall ist jeder Platz durch seinen Zustand charakterisiert, das heißt durch ein Zahlenpaar $i = (a, k)$, wobei a das Alter (in Monaten) und k die Leistungsklasse des dort stehenden Tieres ist. Am Anfang jedes Monats fällt die Entscheidung, welche Zustände den Verbleib eines Tieres im Stall rechtfertigen und welche nicht. Um diese Steuerung mathematisch auszudrücken, setzen wir

$$u = 0, \text{ wenn ein Tier gemerzt wird,}$$

$$u = 1, \text{ wenn ein Tier im Stall verbleibt.}$$

Aus langjährigen Aufzeichnungen kennt man den mittleren monatlichen Gewinn $r_i(u)$ eines Stallplatzes, wo zu Monatsbeginn der Zustand i vorlag und anschließend die Steuerung u erfolgte. ($r_i(1)$ ist der Milch- und Kälbererlös, $r_i(0)$ der um die Anschaffungskosten einer Färse verminderte Verkaufserlös einer Kuh im Zustand i.) Dieser Gewinn hängt nicht vom konkreten Zeitpunkt oder von der Nummer des Platzes ab.
Bekannt sind auch die Übergangswahrscheinlichkeiten $p_{ij}(0)$ und $p_{ij}(1)$ für alle möglichen Zustände i und j. $p_{ij}(u)$ gibt an, mit welcher Wahrscheinlichkeit ein Platz im Zustand i bei Steuerung u im Folgemonat den Zustand

j hat. Es ist klar, daß $p_{ij}(1) > 0$ nur dann möglich ist, wenn in j das Alter genau um 1 höher ist als in i.

Wir verfolgen die Entwicklung im Stall von Anfang Januar bis Ende Februar eines Jahres. Zunächst betrachten wir alle Stallplätze, die Anfang Januar in einem bestimmten Zustand i sind. Wird mit u_1 gesteuert, so beträgt der durchschnittliche Gewinn eines solchen Platzes im Januar $r_i(u_1)$. Welchen Gewinn haben wir nun im Februar zu erwarten?

Von den Kühen auf den betrachteten Stallplätzen ist Anfang Februar der Anteil $p_{ij}(u_1)$ im Zustand j. Bei Steuerung u_2 im Februar wird ein solcher Platz ungefähr den Gewinn $r_j(u_2)$ bringen. Demzufolge ist der voraussichtliche Februargewinn eines Platzes, der von i im Januar zu j im Februar übergeht, gleich $p_{ij}(u_1) \cdot r_j(u_2)$. Diese Gewinnanteile müssen wir für alle möglichen Zustände j addieren. Für die Summe schreiben wir (vgl. Kapitel „Tagebauböschungen") $\sum_j p_{ij}(u_1) \cdot r(u_2)$. Sie gibt den oben gesuchten Gewinn an.

Die Formel soll an einem stark vereinfachten Beispiel veranschaulicht werden: Anfang Januar haben 20 Kühe den Zustand i. Sie werden nicht gemerzt ($u_1 = 1$). Erfahrungsgemäß haben von den Kühen im Zustand i einen Monat später 75% den Zustand s und 25% den Zustand t; andere Zustände sind nicht zu erwarten. Es ist also $p_{is}(1) = \frac{3}{4}$, $p_{it}(1) = \frac{1}{4}$ und $p_{ij}(1) = 0$ sonst. Der mittlere Gewinn eines Stallplatzes im Zustand s sei $r_s(0) = 2$ (bei Merzung) bzw. $r_s(1) = 3$ (ohne Merzung), weiterhin sei $r_t(0) = 1$ und $r_t(1) = 4$. Welchen Gewinn haben wir im Februar von den 20 betrachteten Plätzen zu erwarten? Voraussichtlich sind dann $\frac{3}{4} \cdot 20 = 15$ im Zustand s und $\frac{1}{4} \cdot 20 = 5$ im Zustand t. Im Februar beträgt der Gewinn für alle 20 Plätze zusammen somit $15 \cdot r_s(u_2) + 5 \cdot r_t(u_2)$, das ergibt 35 bei Merzung ($u_2 = 0$) und 65 sonst ($u_2 = 1$). Als mittleren Februargewinn für einen solchen Platz erhalten wir

$$\frac{1}{20}(15 \cdot r_s(u_2) + 5 \cdot r_t(u_2)) = p_{is}(1) \cdot r_s(u_2) + p_{it}(1) \cdot r_t(u_2).$$

Dieser Wert ($\frac{35}{20}$ für $u_2 = 0$ bzw. $\frac{65}{20}$ für $u_2 = 1$) berechnet sich also tatsächlich nach der angegebenen Summenformel.

Bisher haben wir uns nur mit der mathematischen Beschreibung der Leistungsentwicklung im Stall befaßt, doch unser Ziel ist eine Optimierung. Beim Merzen soll so vorgegangen werden, daß der Gewinn pro Stallplatz über einen festgelegten Zeitraum hinweg so groß wie möglich wird. Zur Bestimmung einer *optimalen Entscheidungsregel* für das Merzen bietet sich die Methode der *dynamischen Optimierung* an. Ihr Grundprinzip wird schon klar, wenn die Gewinnsumme für nur drei Monate (etwa Januar, Februar und März) zu maximieren ist. Typisch ist die sogenannte *Rückwärtsrechnung*: Man betrachtet zuerst den letzten Monat, dann die beiden letzten zusammen und so weiter.

Nehmen wir zuerst den Monat März. Für jeden Zustand i bestimmen wir jenes u_3, für das $r_i(u_3)$ maximal ist, d. h. wir bilden $\text{Max}\{r_i(0), r_i(1)\}$.

Ist $r_i(0) > r_i(1)$, so setzen wir $u_3^*(i) = 0$ und wissen, daß im März (dritter Monat) ein Tier des Zustands i zu merzen ist.

Im Falle $r_i(1) > r_i(0)$ ist $u_3^*(i) = 1$, was den Tieren des Zustands i im März den Verbleib im Stall sichert.

Bei $r_i(0) = r_i(1)$ haben wir die Wahl und entscheiden uns vielleicht für $u_3^*(i) = 1$.

Der Wert des Maximums wird mit $f_3(i)$ bezeichnet; es ist also $f_3(i) = \text{Max}\{r_i(0), r_i(1)\}$.

Nun betrachten wir die Summe der mittleren Monatsgewinne von Februar und März. Liegt Anfang Februar der Zustand i vor und wird in diesem Monat mit u_2 gesteuert, so hat man als Februargewinn $r_i(u_2)$ und kann für März $\sum_j p_{ij}(u_2) \cdot r_j(u_3)$ erwarten. Das Maximum von $r_j(u_3)$ ist $f_3(j)$. Als Maximum der Summe beider Gewinne ermitteln wir

$$f_2(i) = \text{Max}\left\{ r_i(0) + \sum_j p_{ij}(0) \cdot f_2(j),\ r_i(1) + \sum_j p_{ij}(1) \cdot f_2(j) \right\}.$$

Das Einsetzen von $f_3(j)$ anstelle von $r_j(u_3)$ beruht auf dem *Bellmanschen Optimalitätsprinzip* und sichert, daß $f_2(i)$ tatsächlich das Maximum der Summe beider Monatsgewinne ist. (R. E. BELLMAN wurde 1957 als Begründer der dynamischen Optimierung bekannt.) Jenes u_2, welches zu i das Maximum $f_2(i)$ liefert, heiße $u_2^*(i)$. Je nachdem, ob es den Wert 0 oder 1 hat, werden im Februar die Tiere des Zustands i gemerzt oder nicht.

Die Formel für alle drei Monate zusammen ist nun leicht aufzustellen. Für einen Stallplatz, der Anfang Januar den Zustand i hat, ist bei Steuerung u_1 im Januar der maximale Gewinn für Februar und März zusammen voraussichtlich gleich $\sum_j p_{ij}(u_1) \cdot f_2(j)$. Wenden wir wieder das Bellmansche Optimalitätsprinzip an, so ergibt sich

$$f_1(i) = \text{Max}\left\{ r_i(0) + \sum_j p_{ij}(0) \cdot f_2(j),\ r_i(1) + \sum_j p_{ij}(1) \cdot f_2(j) \right\}$$

als maximale Gewinnsumme aller drei Monate. Wir bezeichnen die Stelle, an der das Maximum zu i angenommen wird, mit $u_1^*(i)$.

Nunmehr steht die Merzstrategie für Januar, Februar und März fest. Wie wir sehen, kommt es nicht auf die konkreten Monate an, sondern nur darauf, wie viele aufeinanderfolgende betrachtet werden und welche Nummer ein Monat in dieser Folge hat. Das Verfahren kann offensichtlich auf eine größere Anzahl N von Monaten ausgedehnt werden ($N = 12$ oder $N = 120$ oder mehr). Man bestimmt von $n = N$ bis $n = 1$ nacheinander zu jedem Zustand i die Größen $f_n(i)$ und $u_n^*(i)$. Für jeden Monat besteht diese Rechnung, wenn 600 verschiedene Zustände vorkommen, aus 600 Vergleichen zwischen zwei Zahlen. Die $f_n(i)$ setzt man zur Ermittlung der Werte $f_{n-1}(i)$ und $u_{n-1}(i)$ ein.

Alle gefundenen $u_n^*(i)$ werden übersichtlich aufgelistet und gut aufbewahrt. Am ersten Tag des n-ten Monats sucht man alle Kühe heraus, die einen Zustand i mit $u_n^*(i) = 0$ haben, und führt sie zur Schlachtbank. Die anderen dürfen noch mindestens einen Monat leben. Dieses Vorgehen läßt für den betrachteten Zeitraum von N Monaten den größtmöglichen Gewinn erhoffen.

Das Rindermerzproblem könnte nur mit unsinnigen Vereinfachungen als Zahlenbeispiel vorgerechnet werden. Deshalb wollen wir uns noch eine mathematische Scherzaufgabe ansehen, die sich sehr schön mit dynamischer Optimierung lösen läßt.

Dynamische Zauberei

Irene, die gern mathematische Knobelaufgaben löst, stieß neulich auf ein Problem, welches ihr allerhand Kopfzerbrechen bereitete: Ein Zauberer mit großen Händen besitzt die Gabe, Sand in Gold zu verwandeln. Schüttet man ihm a Gramm Sand in die rechte Hand, so erhält man a Gramm Gold, und es bleiben sogar $\frac{a}{2}$ Gramm Sand übrig. In der linken Hand entstehen aus b Gramm Sand $\frac{b}{2}$ Gramm Gold, und die Sandmenge schrumpft auf $\frac{5}{6}b$ Gramm (Abb. 54).

Der Zauberer gestattet seinen Günstlingen, eine feste Ausgangsmenge Sand nach Belieben auf seine beiden Hände zu verteilen, das damit herbeigezauberte Gold einzustecken und den Sandrest zur Wiederholung des Zaubers neu aufzuteilen. Jeder darf die Zauberkraft ohne Hinzutun von neuem Sand

genau fünfmal nutzen. Wie muß man in jedem Schritt die vorhandene Sandmenge auf die Zauberhände verteilen, um eine möglichst große Gesamtmen-
ge Gold zu gewinnen?

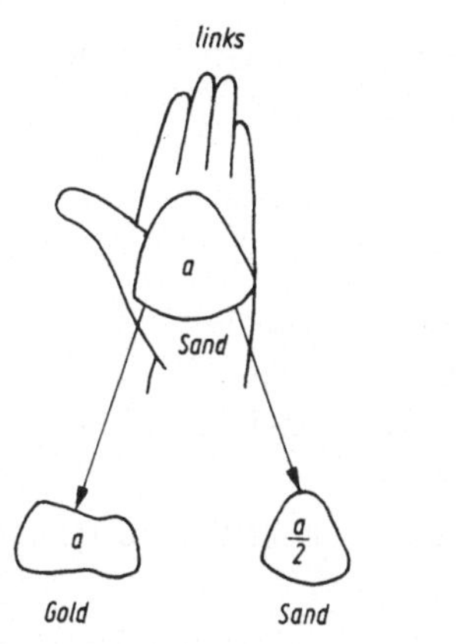

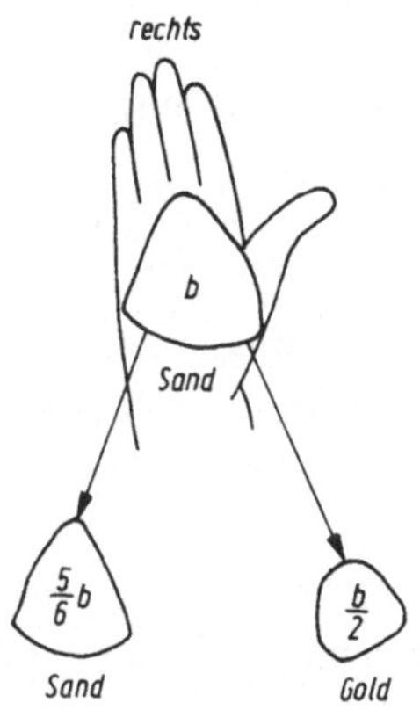

Abb. 54

Irene überlegt: Die rechte Hand bringt mehr Gold, also schütte ich immer
den gesamten Sand in diese. Aus s Gramm Sand erhalte ich $(1 + \frac{1}{2} + \frac{1}{4} + \frac{1}{8} + \frac{1}{16})s$, also $\frac{31}{16}s$ Gramm Gold. Da die Sandmenge in jedem Schritt halbiert
wird, sind die Goldmengen am Ende allerdings recht klein. Vielleicht sollte
ich lieber stets in jede Hand die Hälfte des Sandes geben? Im ersten Schritt
liefert das (in Gramm) $\frac{s}{2} + \frac{1}{2} \cdot \frac{s}{2} = \frac{3}{4}s$ Gold und $\frac{1}{2} \cdot \frac{s}{2} + \frac{5}{6} \cdot \frac{s}{2} = \frac{2}{3}s$ Restsand.
Der nächste Schritt erbringt $\frac{3}{4} \cdot \frac{2}{3}s = \frac{s}{2}$ Gold, und es verbleibt $\frac{2}{3} \cdot \frac{2}{3}s = \frac{4}{9}s$
Sand. Die Goldmengen des dritten bis fünften Schrittes sind $\frac{s}{3}$ (mit $\frac{8}{27}s$
Restsand), $\frac{2}{9}s$ (mit $\frac{16}{81}s$ Restsand) und $\frac{4}{27}s$. In der Summe ergibt das $\frac{103}{49}s$
Gramm Gold, also tatsächlich mehr als bei der ersten Variante. Aber handelt
es sich dabei schon um das Optimum?
Irene weiß, daß unendlich viele Aufteilungsmöglichkeiten existieren, die
man natürlich nicht alle durchmustern kann. Sie ist daher ziemlich ratlos.
Wir helfen ihr nun mit dynamischer Optimierung.
Zu Beginn des n-ten Schrittes ($n = 1, 2, 3, 4, 5$) sei die Sandmenge x_n
vorhanden. Wird u_n in die rechte und $x_n - u_n$ in die linke Hand gegeben
($0 \leq u_n \leq x_n$), so ist die im n-ten Schritt erhaltene Goldmenge gleich

$$u_n + \frac{1}{2}(x_n - u_n) = \frac{1}{2}x_n + \frac{1}{2}u_n,$$

und als Ausgangsmenge für den $(n+1)$-ten Schritt bleibt der Sandrest

$$x_{n+1} = \frac{1}{2}u_n + \frac{5}{6}(x_n - u_n) = \frac{5}{6}x_n - \frac{1}{3}u_n.$$

$x_1 = s$ ist fest vorgegeben.

Wir berechnen zuerst die im 5. Schritt maximal erreichbare Goldmenge in Abhängigkeit von x_5, das vorläufig noch unbekannt ist:

$$f_5(x_5) = \underset{0 \le u_5 \le x_5}{\text{Max}} \left\{ \frac{1}{2}x_5 + \frac{1}{2}u_5 \right\} = \frac{1}{2}x_5 + \frac{1}{2}x_5 = x_5.$$

Wegen des positiven Koeffizienten $\frac{1}{2}$ vor u_5 wird das Maximum für das größtmögliche u_5, also für $u_5 = x_5$ angenommen. Wir setzen $u_5^*(x_5) = x_5$, was besagt, daß beim letzten Zauber der gesamte verbliebene Sand in die rechte Hand zu schütten ist.

Die maximale Goldausbeute $f_4(x_4)$ für den 4. und 5. Schritt wird unter Benutzung von $f_5(x_5)$ mit $x_5 = \frac{5}{6}x_4 - \frac{1}{3}u_4$ bestimmt:

$$\begin{aligned}
f_4(x_4) &= \underset{0 \le u_4 \le x_4}{\text{Max}} \left\{ \frac{1}{2}x_4 + \frac{1}{2}u_4 + f_5(x_5) \right\} \\[2mm]
&= \underset{0 \le u_4 \le x_4}{\text{Max}} \left\{ \frac{1}{2}x_4 + \frac{1}{2}u_4 + \frac{5}{6}x_4 - \frac{1}{3}u_4 \right\} \\[2mm]
&= \underset{0 \le u_4 \le x_4}{\text{Max}} \left\{ \frac{4}{3}x_4 + \frac{1}{6}u_4 \right\} = \frac{4}{3}x_4 + \frac{1}{6}x_4 = \frac{3}{2}x_4
\end{aligned}$$

mit $u_4^*(x_4) = x_4$.

Wir erhalten weiter

$$\begin{aligned}
f_3(x_3) &= \underset{0 \le u_3 \le x_3}{\text{Max}} \left\{ \frac{1}{2}x_3 + \frac{1}{2}u_3 + \frac{3}{2} \cdot \left(\frac{5}{6}x_3 - \frac{1}{3}u_3 \right) \right\} \\[2mm]
&= \underset{0 \le u_3 \le x_3}{\text{Max}} \left\{ \frac{7}{4}x_3 \right\} = \frac{7}{4}x_3.
\end{aligned}$$

Hier ist die zu maximierende Funktion bezüglich u_3 konstant, so daß $u_3^*(x_3)$ beliebig zwischen 0 und x_3 gewählt werden kann. Im nächsten Schritt ergibt sich

$$\begin{aligned}
f_2(x_2) &= \underset{0 \le u_2 \le x_2}{\text{Max}} \left\{ \frac{1}{2}x_2 + \frac{1}{2}u_2 + \frac{7}{4} \cdot \left(\frac{5}{6}x_2 - \frac{1}{3}u_2 \right) \right\} \\[2mm]
&= \underset{0 \le u_2 \le x_2}{\text{Max}} \left\{ \frac{47}{24}x_2 - \frac{1}{12}u_2 \right\} = \frac{47}{24}x_2.
\end{aligned}$$

Wegen des negativen Koeffizienten vor u_2 liefert hier $u_2^*(x_2) = 0$ den Maximalwert. Analog gilt

$$f_1(x_1) = \max_{0 \leq u_1 \leq x_1} \left\{ \frac{1}{2}x_1 + \frac{1}{2}u_2 + \frac{47}{24} \cdot \left(\frac{5}{6}x_1 - \frac{1}{3}u_1 \right) \right\}$$

$$= \max_{0 \leq u_1 \leq x_1} \left\{ \frac{307}{144}x_1 - \frac{11}{72}u_1 \right\} = \frac{307}{144}x_1$$

mit $u_1^*(x_1) = 0$.

Damit ist die gesamte optimale Strategie bekannt. Sie hat eine sehr einfache Struktur:

1.Schritt: $u_1^*(x_1) = 0$ (Sandmenge $x_1 = s$ in die linke Hand)
2.Schritt: $u_2^*(x_2) = 0$ (Sandmenge x_2 in die linke Hand)
3.Schritt: $0 \leq u_3^* \leq x_3$ (Sandmenge x_3 beliebig aufteilen)
4.Schritt: $u_4^*(x_4) = x_4$ (Sandmenge x_4 in die rechte Hand)
5.Schritt: $u_5^*(x_5) = x_5$ (Sandmenge x_5 in die rechte Hand).

Aus s Gramm Sand gewinnt man auf diese Weise $\frac{307}{144}s$ Gramm Gold, mehr ist unter den gegebenen Bedingungen nicht möglich.

Kein Gnadenbrot für Kühe?

Abschließend betrachten wir noch einige interessante Aspekte und Ergebnisse des Rindermerzproblems. Es wurde vor mehreren Jahren mit Unterstützung durch die Sektion Mathematik der Leipziger Universität von einem in der Rinderforschung tätigen Mathematiker für eine konkrete große Milchviehanlage gelöst.[1]

Wenn man die Gewinnmaximierung für einen möglichst langen Zeitraum anstrebt, muß man unbedingt beachten, daß in Zukunft zu erwartendes Geld aus heutiger Sicht weniger wert ist als sofort eingenommenes. Also sollte im Modell der Gewinn von Monat zu Monat durch einen Faktor c diskontiert werden, der nahe bei Eins liegt, aber kleiner als Eins ist (etwa $c = 0.99$).

Bei einer sehr große Anzahl N von Monaten kann man davon ausgehen, daß sich die Maximalgewinne $f_n(i)$ für aufeinanderfolgende n relativ zum

---

[1] M. BERGNER: Zur optimalen Reproduktion von Milchvieh aus ökonomischer Sicht – ein stationäres Entscheidungsmodell. Dissertation 1979.

Gesamtgewinn nur wenig unterscheiden und sie deshalb formal gleichgesetzt und ohne Index n geschrieben werden können. Man gelangt so zu einem *stationären Modell* mit einer *Funktionalgleichung*

$$f(i) = \text{Max} \left\{ r_i(0) + c \sum_j p_{ij}(0) \cdot f(j), \; r_i(1) + c \sum_j p_{ij}(1) \cdot f(j) \right\}.$$

Für alle Zustände i sind Werte $f(i)$ zu finden, welche dieser Gleichung genügen. Die zugehörige Steuerung hängt ebenfalls nicht mehr von n ab und wird mit $u^*(i)$ bezeichnet. Die stationäre Aufgabe kann mit einer Methode behandelt werden, die auf das Lösen großer linearer Gleichungssysteme hinausläuft.

Wie sahen nun im konkreten Falle die Ergebnisse aus? Die optimale Entscheidungsregel erwies sich als verblüffend einfach: Zu jedem Alter wurde eine Leistungsklasse ermittelt, welche eine Kuh dieses Alters mindestens haben muß, um im Stall verbleiben zu dürfen. Mit wachsendem Alter erhöhen sich die Anforderungen. Während eine 50 Monate alte Kuh mit der LK 1 noch geduldet (in diesem Alter also nur mit LK 0 gemerzt) wird, muß eine 90 Monate alte Kuh mindestens die LK 2 und eine 91 Monate alte Kuh sogar mindestens die LK 4 aufweisen, um ihre Daseinsberechtigung zu behalten. Es gibt also kein Gnadenbrot für alte Kühe!

Da sich seither Veränderungen der benutzten $r_i(0)$ und $r_i(1)$ ergeben haben, ist diese Regel heute gewiß nicht mehr optimal. Was aber aktuell bleiben wird, ist die angewandte Methode der dynamischen Optimierung.

△ Programm „Markowsche Kette"

Aus Anfangszuständen $x_1^0, \dots, x_m^0$ werden mit einer Übergangsmatrix P die Zustände $x_1^i, \dots, x_m^i$ nach i Übergängen berechnet.

```
11000 CLS:PRINT "          PROGNOSE"
11010 PRINT:INPUT "DIMENSION N=";N:PRINT
11020 DIM Q(N,N),X0(N),Y0(N)
11030 PRINT "EINGABE TRANSPONIERTE ";
11040 PRINT "UEBERGANGSMATRIX Q"
11050 FOR J=1 TO N:FOR I=1 TO N
11060 PRINT"Q(";I;",";J;:INPUT")=";Q(I,J)
11070 NEXT:PRINT:NEXT
11080 PRINT "EINGANGSZUSTAND X0"
11090 FOR I=1 TO N
11100 PRINT"X0(";I;:INPUT")=";X0(I):NEXT
11110 PRINT:PRINT "ANZAHL ZEITPERIODEN:"
11120 INPUT "R=";R:FOR K=1 TO R
11130 PRINT:PRINT "WEITER (J)?"
11140 W$=INKEY$:IF W$="" THEN 11140
11150 CLS:PRINT "ERWARTETER ZUSTAND NACH";
11160 PRINT K;"PRIODEN:":PRINT
11170 FOR I=1 TO N:Y0(I)=Q(I,I)*X0(I)
11180 FOR J=2 TO N
11190 Y0(I)=Y0(I)+Q(I,J)*X0(J):NEXT
11200 PRINT "X(";I;")=";Y0(I):NEXT
11210 FOR I=1 TO N:X0(I)=Y0(I):NEXT:NEXT
11220 PRINT:PRINT "WEITER (J)?";
11230 W$=INKEY$:IF W$="" THEN 11230
11240 RUN
```

Zu unseren Computerprogrammen

Alle zehn Kapitel dieses Buches enthalten Rechnerprogramme, um dem interessierten Leser die Möglichkeit zu geben, die Beispiele nachzuvollziehen und eigene Aufgaben des gleichen Typs zu rechnen.

Unsere Programme sind in BASIC geschrieben. Verständlicherweise können wir diese Sprache aus Platzgründen hier nicht näher erläutern. Deshalb nur folgende Hinweise: Bis zu einem gewissen Grade kann man BASIC–Programme wie englische Texte lesen (z. B. PRINT – drucke, INPUT – gib ein, GOTO – gehe nach, IF ... THEN ... :ELSE ... – wenn ... dann ... andernfalls). Gleichungen sind „Ergibtanweisungen". $A = A + B$ bedeutet zum Beispiel, daß sich der neue Wert von A ergibt, wenn man zum alten Wert von A den Wert B addiert.

Die Programme sind so geschrieben, daß sie auf möglichst vielen Rechnern „laufen". Das einer Variablen nachgestellte \$–Zeichen kennzeichnet eine Stringvariable. Ein mit einem Komma abschließender PRINT–Befehl bewirkt auf unserem Rechner eine Tabulierung. Die Programme „Feigenbaum" und „Ausbohren eines Dreiecks" erfordern Rechner, die grafikfähig sind (d. h. die mittels PSET einzelne Punkte auf den Bildschirm zeichnen können).

Der geübte Leser wird unsere Programme ohne weiteres auf die ihm zur Verfügung stehenden Rechner übertragen können.

Die Programme wurden sehr komprimiert geschrieben. Sie haben keine Kommentarzeilen, sind kaum strukturiert und enthalten außerdem noch schwer nachvollziehbare Kunstgriffe. Kurz gesagt, sie sind zur Benutzung gedacht, aber nicht, um sie weiterzuentwickeln oder gar an ihnen die Umsetzung der Algorithmen zu studieren. Teilweise wurden recht allgemeine Programmteile auch für solche Spezialfälle mit genutzt, für die man (zusätzlich) einen einfacheren Ablauf programmieren könnte. Unsere Programme sind für solche Problemgrößen geeignet, die vom angesprochenen Nutzer benötigt werden.

Die Korrektur von Eingabefehlern wird nicht unterstützt. Wir empfehlen eine besonders sorgfältige Eingabe und notfalls einen Neustart des Programms. Dabei setzen wir voraus, daß der Nutzer des Programms über das jeweilige Problem einigermaßen Bescheid weiß und zum Beispiel nicht gebrochene Werte an Stellen eingibt, wo nur ganze sinnvoll sind. Wir haben kaum spezielle Möglichkeiten der Bildschirmgestaltung genutzt, weil diese für unterschiedliche Rechner recht verschieden sein können.

Allerdings haben wir die gängigen Befehle WINDOW und PRINTAT verwendet und an eine Einteilung des Bildschirms in 32 Zeilen mal 40 Spalten bzw. in 256 mal 320 Pixel gedacht.

Das Gesamtprogramm benötigt 17 355 Byte Speicherplatz. Falls man vom Gesamtprogramm jeweils die nicht benötigten Programmteile löscht, kann man auch wesentlich größere Datenmengen bearbeiten als zunächst angenommen. Die Algorithmen sind durchaus leistungsfähig. Allerdings sind sie nicht darauf angelegt, nahezu irreguläre Sonderfälle zu bearbeiten.

Die Programme sind so aufgebaut, daß sie gemeinsam mit dem Programm „MENU" hintereinander eingegeben und anschließend einzeln vom MENU aufgerufen werden können. Die Wahl erfolgt durch Angabe der jeweiligen Programmnummer. MENU selbst wird mit RUN gestartet.

Der Sprung in das jeweilige Programm erfolgt mittels RUN *Zeilennummer*. Damit muß auf die Belegung bisher verwendeter Variabler, Felder usw. keine Rücksicht genommen werden. Die Programme sind auch einzeln lauffähig. Einige Programme nutzen dabei die jeweils angegebenen Teile aus anderen Programmen.

△   Programm „MENU"
Gibt man dieses Programm und einige oder alle Programme dieses Buches ein, so sind die Programme über das Programm „MENU" bequem aufrufbar.

```
10 WINDOW:CLS:PRINT:PRINT
20 PRINT"    HEUREKA HEUTE - BEISPIELE"
30 PRINT"    PRAXISWIRKSAMER MATHEMATIK"
40 PRINT"    ************************"
50 PRINT:PRINT:PRINT"  WAEHLEN SIE ";
60 PRINT"EINE DER ANGEGEBENEN      ";
70 PRINT"PROGRAMMNUMMERN!":PRINT
80 PRINT" 1. LINEARE OPTIMIERUNG"
90 PRINT" 2. MINIMUMSUCHE BEI FUNK";
100 PRINT   "TIONEN"
110 PRINT" 3. TRANSPORTOPTIMIERUNG ";
120 PRINT   "AUF GRAPHEN"
130 PRINT" 4. KUERZESTE / LAENGSTE ";
140 PRINT   "BAHN"
150 PRINT" 5. RUCKSACKPROBLEM"
160 PRINT" 6. LINEARE VORHERSAGE"
170 PRINT "7. METHODER DER KLEINSTEN ";
180 PRINT   "QUADRATE"
190 PRINT" 8. TRANSPORT- UND ZUORD";
200 PRINT   "NUNGSPROBLEME"
210 PRINT" 9. FAKTORANALYSE"
220 PRINT"10. LINEARE GLEICHUNGSSYSTEME"
230 PRINT"11. MATRIXINVERSION"
240 PRINT"12. FEIGENBAUM"
250 PRINT"13. AUSBOHREN EINES DREIECKS"
260 PRINT"14. MARKOW'SCHE KETTE"
270 PRINT"15. ENDE"
280 PRINT:INPUT"MEINE WAHL:NR=";N
290 IF N>7 THEN 390
300 ON N GOTO 320,330,340,350,360,370,380
310 GOTO 490
320 RUN 8500
330 RUN 1500
340 RUN 2000
350 RUN 3000
360 RUN 4000
370 RUN 5500
380 RUN 5000
390 N=N-7
400 ON N GOTO 420,430,440,450,460,470,480
410 GOTO 490
420 RUN 6000
430 RUN 7000
440 RUN 8000
450 RUN 1000
460 RUN 9000
470 RUN 10000
480 RUN 11000
490 WINDOW:CLS:PRINT:PRINT
500 PRINT"AUF WIEDERSEHEN!":END
```

Sachverzeichnis

Kadeřávek
Geometrie und Kunst
in früherer Zeit

Die Wechselwirkungen zwischen Geometrie und Kunst sind uralt.

Dieses Buch veranschaulicht anhand ausgewählter Beispiele aus dem Bauwesen und der Malerei die Anwendungen geometrischer Kenntnisse, beginnend im alten Ägypten bis hin zur Neuzeit.

So werden beispielsweise geometrische Konstruktionen am Grundriß des Tempels von Luxor, an der Fassade der Cancellaria in Rom, am Turm des Stephansdoms in Wien und an zahlreichen Details des Prager Veitsdoms sowie auch an der Entwicklung der Steinmetzzeichen erläutert.

Von
František Kadeřávek

Herausgegeben und mit Anmerkungen versehen von Z. Nádeník, Prag, und P. Schreiber, Greifswald

1992. 104 Seiten mit 77 Bildern. 13,7 x 20,5 cm. Kart. DM 16,80 ÖS 131,–   SFr. 16,50 ISBN 3-8154-2024-5

(Einblicke in die Wissenschaft – Mathematik)

B. G. Teubner Verlagsgesellschaft
Stuttgart · Leipzig

Walser
Der Goldene Schnitt

Der Goldene Schnitt tritt seit der Antike in vielen Bereichen der Geometrie, Architektur, Musik, Kunst sowie der Philosophie auf, aber er erscheint auch in neueren Gebieten der Technik und der Fraktale.

Dabei ist der Goldene Schnitt kein isoliertes Phänomen, sondern in vielen Fällen das erste und somit einfachste nichttriviale Beispiel im Rahmen weiterführender Verallgemeinerungen.

Ziel dieses Buches ist es, einerseits Beispiele des Goldenen Schnittes zu besprechen, andererseits weiterführende Wege aufzuzeigen.

Von
Hans Walser,
Frauenfeld

1993. 140 Seiten.
13,7 x 20,5 cm.
Kart. DM 16,80
ÖS 131,–   SFr. 16,50
ISBN 3-8154-2070-9

(Einblicke in die Wissenschaft – Mathematik)

B. G. Teubner Verlagsgesellschaft
Stuttgart · Leipzig